이근주의

**보이차** 이야기

이근주의

# 보이차 이야기

저자 이근주

프롤로그

　오늘날 차 문화가 국내에서 크게 확산되었던 시기는 1990년대부터 2000년대 초까지라고 보아지며, 우리나라에 녹차 보급이 가장 많이 되었을 시기이기도 하다. 필자도 이 시기에 한중차문화연구회 도림원을 운영하고 있었다. 중국과의 차문화 교류 활동을 해 오면서 녹차 산지와 무이암차를 연구하던 중 2005년도에 보이차를 직접 만들어 보고자 처음으로 방문한 곳이 란창, 쌍강, 임창 지역이다. 이후 매년 봄이면 운남의 차 산지를 찾아다녔는데, 특히 임창 지역을 중심으로 차를 많이 만든 것 같다. 물론 반나 지역 차도 만들었다.

　고차수 산지가 과거에는 개방되었던 곳도 세월이 지남에 따라 통제되는 것을 보면서 그 동안 알차게 만들어온 차를 국내 차인들에게 보급해왔다는 자부심을 가지게 되었다. 아울러 그 동안 현장에서의 경험과 차 산지의 기록을 모아서 남길 생각으로 이 작업을 하게 된 것이다. 보이차 애호가들의 꾸준한 관심으로 그 수요의 폭이

늘어나면서도, 보이차에 대한 진실과 허실이 끝없이 난무하고 때론 신비함으로까지 회자되고 있다. 이해하기 어렵고 믿지 못할 차(가짜와 모방차)라는 부정적인 견해도 많지만, 소비 시장은 날로 증가 추세이다. 보이차는 분명 누구나 쉽게 접하고 즐길 수 있는 좋은 차이며, 그 넓은 폭 만큼이나 매력적인 차이다.

보이차가 어렵고 복잡한 것은 사실이다. 왜냐하면, 운남의 차 생산지가 넓고, 산지에 따른 품종도 다양하며, 채엽 시기, 제다 방법 등의 차이가 있고, 보관(건창, 습창)상의 조건이 다르기 때문이다.

이에 필자는 오랜 경험과 중국 현지에서의 제다 경험을 바탕으로 보이차에 대해 독자들이 알기 쉽게 풀어보고자 한다.

# 목차

보이차의
형성 및 발전

# 1. 보이차의 형성 및 발전

　상주(商周 BC1711-256) 시대부터 운남의 복족 사람들이 차를 생산, 제다(製茶)해서 공물로 사용했다는 것이 보이차에 대한 시초이다.

　화양국지파지(華陽國志巴誌)에는「주무왕이 주(紂)를 토벌하여 파(쓰촨 성 동부) 촉(쓰촨 성 성도)의 군대를 얻었고 물고기, 소금, 동, 철, 옻칠, 차, 꿀 등을 하사하였다」고 기록하고 있다. 오늘날 운남성의 소수민족 중 포랑족(布郎族), 합와족(哈瓦族), 덕왕족(德昻族) 등은 모두 복족인의 후예로 알려지고 있다.

　삼국 오진(吳晉)의 본초(本草) 중에, '고채(苦菜), 선(選), 유동(遊冬) 이라고 불리는데 익주 군 골짜기와 능선에서 나고 겨울에도 죽지 않으며 3월 3일에 따서 말린다'고 기록하고 있다.

　1,700년 전 삼국시대에 무후(제갈공명)가 종자를 선사하였다 하며 지금도 대대로 전수되면서 음력 7월 23일에 제갈공명을 차의 조상으로 모시고 해마다 제사를 지내고 있다. 제갈량이 남유산(南糯山)에 차나무를 심어 군사들의 질병을 치료했다고 하여 현재에도 남유산을

공명산으로 부른다. 그리고 지금도 푸얼시(보이시, 普洱市)에 들어가면 제일 먼저 제갈량 동상과 마주하게 된다.

당(唐) 함통(咸通) 3년(862년), 반작이 외교 사절로 운남의 남소지에 가서 쓴 「만서(蠻書) 제7권, 중원차는 은생성(銀生城) 지역의 여러 산에서 나고 일정한 제다법이 없었다. 몽사 사람들은 산초나무, 생강, 계피 나무와 함께 끓여 마신다」라고 기록하고 있다. 은생성은 운남성 남부의 경동(景東), 사모(思茅), 서쌍판납(西雙版納) 일대이다.

당(唐 618-907년) 이전부터 중원에서는 차를 떡차(餅茶)로 만들어 양념을 첨가하여 마셨다. 이때 남쪽으로 이민해 온 소수 민족들도 중원과 같은 제다법으로 차를 만들어 마셨는데, 야생 찻잎들의 탄닌과 카테킨이란 떫은 성분이 너무 강해 곧바로 마시기에는 적합지 않아 덩어리 차를 만들어 오래 묵힌 후 마셨다. 묵힐수록 떫은맛이 없어지고 맛과 차향이 좋아졌기 때문이다. 발효 중에 카테킨류가 중합, 분해되어 떫은맛이 적고 향이 오래 지속되어 생겨나기 때문이다. 이 시기에 이곳 소수 민족들은 서쌍판납 등지에서 생산한 차 덩어리를 서번(西藩) 지역(티베트, 위구르, 몽고)에 팔기 시작했다.

송(宋 960-1279년) 나라 때부터는 정부의 주관하에 차 말 무역(茶馬貿易)이 성행되었다.

운남성에서 시작해 티베트 수도 라사를 거쳐 인도까지 이어지는

이 도로를 차마대도(茶馬大道)*라고 한다.

원(元 1281-1367년) 나라 때는 운남성에 보일부(步日部)가 있었다. 중앙에서는 이를 다시 보이부(普洱部)라 불렀다. 원대 때 이경(李京)은 『운남지략(雲南志略)·제이풍속(諸夷風俗)』의 「금지 백이(金齒百夷)」[즉 지금의 봉죽(傣族)] 조항에서 말하기를: "교역은 5일에 한 번 모여서 모포, 배포, 차, 소금 등을 서로 무역하였다."라고 하였다. 여기에서 차는 이미 주요 상품 중에 하나가 되었다. 그리고 차엽의 집중적인 수출은 보이에 있었다.

명(明 1368-1644) 나라 태조 주원장(朱元璋)이 덩어리 차(團茶)를 폐지시키고 잎차를 우려 마시도록 칙령(1392년 단차 폐지령)을 내렸다.

푸얼차(보이차)라는 기록은 명말(明末)의 방이지(方以智)「물리소식」에 처음 나타난다. '운남 푸얼차는 쪄서 덩어리를 만들고 서번 지역으로 판다'라고 기록되고 있다. 운남성은 차의 원산지이고 이곳 사람들은 천여 년 동안 차를 마셔왔으며 다른 지역으로 수출했다.

운남의 시쌍반나는 보이차의 고향으로서 청대 때 저명한 보이차는 당시 보이부(普洱府) 관할 내의 시쌍반나 육대차산에서 생산됐으며, 보이부는 당시에 전남(滇南) 차엽무역중심지이자 집산지로 알려

---

* 차마고도란 이름은 1990년대 초에 젊은 민속학자들이 부르기 시작했다.

졌다. 그러나 시쌍반나의 차 생산 무역의 역사적 문헌기록으론 확실히 처음 당나라 때에 보인다. 번작(樊綽)의 『만서(蠻書) 권7』에 이르기를: "차는 은생성계(銀生城界)의 뭇 산에서 산출되며 흩어져 수거하거나 채집법이 없다. 몽사만(蒙舍蠻)에서는 산초와 생강에 육계를 섞어 끓여 마신다." 했다. 남송 때 이석(李石)이 지은 『속박물지 권7』에서도 말하기를: "차는 은생 등 여러 산에서 산출된다. 무시로 채집한다. 산초에 생강을 섞어서 끓여 마신다."고 했다. 이런 종류의 음용법은 아직까지도 운남의 여느 소수민족 중에는 여전히 그대로 사용해오며 보존하고 있다. 여기서 말한 은생성(銀生城)은 당나라 때 남조(南詔)에서 설치한 '개남은생절도(開南銀生節度)' 구역으로서 지금의 운남성 경동(景東)과 경곡현(景谷縣) 이남 지역에 있다. 이미 작고한 저명 역사학자인 방국유(方國瑜) 교수는 "차를 생산해 내는 은생성계의 뭇 산들은 개남절도 관할 경계 내에 있는데, 이는 곧 당시 남조의 통치를 받던 곳으로 지금의 시쌍반나 차산지이다."라고 여겼다. 또 이른바 '몽사만'은 이해(洱海)지구에 살던 당나라 때 민족이다. 현재의 이족, 나씨족, 라 여우족, 무정현(武定縣)의 한족(漢族) 등의 방언(方言)에 이르기까지 차를 '라(납,臘)'라고 부른다.

고대 복인(濮人)들은 보이 지역에서 야생차나무를 최초로 발견하여 약으로 쓰면서 '면(緬)'이라 일컬었고, 양념에도 사용하면서

'득채(得責)'라고도 부르며 일상생활에 이용하였다. 그들의 후손인 포랑족(布朗族, 부랑족)들은 여기서 한 단계 더 나아가 차를 만들어 '납(라,臘)'이라고 불렀다. 포랑족과 이웃이던 태족(傣族, 다이족), 기낙족(基諾族, 지눠족)과 합니족(哈尼族, 하니족, 아이니족)은 자연스럽게 차를 '라'라고 사용하게 된다. 그 발음은 태어(傣語)와 완전히 동일한 게, 가히 일찍이 천이백여 년 전 시쌍반나의 차엽은 이미 이해(洱海) 지방에 유통되었음을 알 수 있다. 시쌍반나의 차엽은 명청대 이래로 통칭해서 '보이차'라 불렸으며 오랫동안 그 이름이 자자해서 국내외로 그 명성을 떨쳤다.

『만력운남통지(萬曆雲南通志) 권16』에서, "차리(車里)[지금의 경흥(景洪)]의 보이(普耳), 이곳에서 생산된 차는 차리에서 한몫을 차지한다."라며 "차리(車裏)의 차가 아니면 입맛에 맞지 않는다"고 하였다.

우리가 알고있는 보이(普洱)라는 발음은 중국어로 푸얼[Pu'er]로 발음된다. 보이(普耳)는 지금의 운남성(雲南省) 남서부 변경지역에 있는 도시이고 사모(思茅) 지역 보이현(普洱縣)이다. 그곳에 관청을 세워서 차엽 무역을 관리했기에 가히 당시 차엽 수출의 수량이 이미 상당했음을 알 거 같다. 차엽시장이 보이(普洱)에 있어서 이곳이 집산지가 됐고 또 보이부(普洱府)가 다스렸기에 그래서 보이차라고 불렀다. 사조절(謝肇淛)은 『진략(鎭略) 권3』에서 이르기를: "선비와

평민들이 사용하는 건 전부 다 보이차라 쪄서 단병을 만들었다.”라
고 했다. 사 씨의 책은 명 만력 말년(대략 서기 1620년)에 지은 바 ‘보
이차’란 이름이 처음으로 이 책에 보인 후 지금에 이르기까지 어언
사백여 년이나 되었다. 보이차의 이름도 원나라 때 푸차(普茶)라고
불렀고 명말에 푸얼차(普洱茶)라는 이름으로 바뀌어 지금까지 불리
고 있다.

청(靑) 1726년, 옹정(雍正) 황제는 악이테를 운남성 총독으로 임
명하여 통치하며 푸얼차 공장을 세워 조정에 공차를 만들어 바치
게 했다. 보이차 진품(珍品)으론 모첨(毛尖), 아차(芽茶), 여아(女兒) 등
이 있었다. 모첨은 우전(雨前)에 채취한 것으로 파릇파릇한 새 순의
색깔이 아름답다. 단병으로 만들지 않았으며 담백한 맛과 연꽃 향
이 났다. 아차는 모첨에 비해 더 빼어난데 채취해서 단병으로 만들
었다. 두 냥과 넉 냥을 만들었으며 이를 중시 여겼다. 여아 차는 아
차의 종류로서 곡우 뒤에 채취해 한 근에서 열 근까지를 일단(一團)
으로 하며, 이녀(夷女)들이 채취해서 만들었는데 화은(貨銀)에 쌓아서
혼수와 지참금으로 삼았기에 여아라 이름하였다. 무례(撫例)를 제작
함에 이 세 가지를 써서 세공(歲貢)으로 충당했으며 그 나머지 조악
한 보이차엽은 전부 시중에다 팔았다. 제일 품질이 떨어지는 차잎
은 끓여서 고(膏)나 병(餠)으로 만들어서 선물로 준비해뒀다.

이상의 기술에서 알 수 있듯이 보이차 제작은 매우 뛰어나서 진품(珍品)으로 당연히 '모첨', '아차' 그리고 '여아차*' 세 가지를 들 수 있다. 이 세 가지 모두 공품(貢品)으로 선정돼 황제와 고관대작들한테 진상했다. 『홍루몽(紅樓夢)』에서 지체 높은 양반들이 마시던 '여아차'가 바로 이 '보이차' 중의 일종으로서 가히 청대에 보이차 이름이 한때 성행했으며 대대적인 환영을 받았음을 알 수 있다.

일반적으로 큰 잎차들은 민간에서 즐겨 상용됐으며 운남성 안팎으로 나눠 판매됐다. 보이 공차는 소엽종 찻잎으로 최상품을 만들었다.

의방차산(依邦茶山)은 대엽종과 소엽종 찻잎이 혼합된 곳이지만 주로 소엽종 찻잎이 생산된 차산이다. 공차로서 황실의 기호 입맛에 잘 맞아떨어진 의방 소엽종은 싹과 찻잎이 작으며 순은 가늘다. 대엽종 보이의 진하고 두터운 맛의 특성을 가지면서 소엽종의 청향(淸香)을 겸해 맛이 달고, 향이 뛰어나며 싱싱한 것을 물에 우려 마시기에 적합했다.

여아차(女兒茶)는 곡우(穀雨) 후에 자란 의방차산 소엽종을 1근에서 10근까지 덩어리로 만든 단차(團茶)이다. 미혼의 어린 소녀들이

---

* 여아차(女兒茶)는 공차(貢茶)로서 가장 호평을 받았다. 여아차는 곡우 후에 자란 단차이다.

어린 새싹을 따서 곧바로 속옷 깊숙이 넣어 소녀의 온기를 충분히 받은 후 대나무 광주리에 담은 찻잎이었기에 여아차라고 부르기도 했다.

보이차가 공차로 지정된 것은 1729년이고 1908년 보이차 공납을 폐지시켰다.

이무차구(易武茶區) 서쌍판납 6대 차산은 '이무(而武), 만전(蛮砖), 혁등(革登). 의방(倚邦), 망지(莽枝), 유락(攸乐)' 등의 여섯 군데이다.

1900년을 전후해서 보이차의 발전은 더욱 돋보였다. 차 상인들이나 재력 있는 가게들은 산에 들어가 공장을 세우고 좋은 잎을 따서 최고 품질의 차를 만들었다. 유명한 차 상점으로는 동경호(同慶號), 동창호(同昌號), 동흥호(同興號), 복원창호(福元昌號), 송빙호(宋聘號), 가이흥호(可以興號), 영춘호(迎春號), 동태장(同泰昌), 동순상(同順祥), 원태풍(元泰豊) 등이고 이후 경창호(慶昌號), 강성호(江城號), 정흥호(鼎興號), 맹경호(猛景號) 등이 생겨났다. 1940년대에는 홍인원차와 녹인원차가 만들어졌으며 맹랍지역의 대엽종 찻잎을 쇄청건창법으로 제다한 제품들이다.

## 2. 보이차의 정의

　보이차에 대한 정의는 《2002 중국보이차 국제학술 연토회》에서, '운남성에서 생산되는 운남성 대엽종 원료로, 제다공정은 쇄청모차를 가리킨다.'라고 세계 차 학자들의 공통된 견해로 정의를 내리고 있다. 하지만 여기에 대한 논란은 '운남에서는 대엽종 만으로 보이차를 만드는가' 하는 점이다. 엽종은 산지마다 차이가 있으며 중소엽종은 잎 크기가 12cm 미만 정도이고, 대엽종은 12cm 이상인데 30cm나 되는 크기도 있다.

　대량 생산 체계에서는 자연 건조인 쇄청보다 홍건(인공 열풍 건조)을 많이 이용하는데, 이는 앞의 정의와는 상반된다.

　또 다른 정의는 '운남에서 생산되는 대엽종 쇄청모차로 만든 긴압차와 악퇴발효시켜 만든 숙차를 말한다.'라는 것이다.

　운남의 보이차 생산 지역은 광범위하다. 태곳적 신비를 간직한 원시림 속에 수천년 된 아름드리 야생차나무부터 서쌍판납, 임창 등지에는 야생형 고차수(古茶樹), 과도기형, 재배형 고차수와 고차수

다원이 분포되어 있다. 운남의 차나무들은 야생형이든 재배형이든 모두 대엽종 교목 차나무이다.

보이차의 독특한 맛, 향, 색은 이 운남대엽종으로 만들어야만 제대로 발현된다고 한다. 그 이유는 차의 맛, 향, 색을 결정하는 것이 그 안에 포함된 화학 성분이기 때문이다. 잎의 화학 성분을 비교해 보면 운남대엽종과 다른 지역의 중소엽종 차나무에는 현저한 차이점이 있다. 운남대엽종은 폴리페놀, 카테킨, 수용성 침출물 등의 함량이 매우 풍부하다는 것이다. 보이차의 맛이 진하고 풍부하고 부드럽고 단 것은 차를 만드는 차나무의 품종과 관련이 있다.

보이차가 대엽종이어야 한다는 이유는 운남보이차연구소에서 비교 분석한 자료가 잘 말해주고 있다. 내용물 함량을 보면 대엽종이 소엽종보다 차 침출물은 3%, 폴리페놀은 5~7%, 카테킨은 30~60% 높았고, 당류 및 차기(茶氣, 차의 기운) 대사 산물이 풍부하고 향기를 조합하는 방향성 물질도 훨씬 높게 나타났다.

원시림 야생차와의

인연

# 1. 원시림 야생차와의 인연

　필자는 지난 세월 20여 년 동안 중국 차 학계와 관련된 전문가들과 교류하면서 차 강의를 비롯해 제다 및 품평과 함께 많은 차 경험을 해 왔다. 인제 와서 필자에게 명차 중의 명차를 꼽으라면 단연코 최고의 명차로 '운남의 원시림 야생차'라고 말하고 싶다.

　무이암차에 거의 미치다시피 하던 내가 앞으로 저장해 두고 마실 보이차를 만들기 위한 사전 작업으로 2001년도에 운남으로 들어갔다. 원시림 야생차와 나의 인연이 시작된 것이다. 구름의 남쪽 운남은 사계절 따뜻한 반나와 만년설이 쌓인 매리설산(6,740m), 옥룡설산(5,596m), 하바설산(5,396m) 등 온통 산악지대에 천혜의 아름다움을 간직한 땅이다.

　운남에는 야생화 형님이 살고 있다. 형은 난초와 야생화 전문가다. 아열대 기후에 사람의 손길 발길이 닿지 않는 심산유곡 깊은 곳, 큰 고목에 온갖 야생의 착색 난과 기생 난이 자란다. 형의 집과 온실에는 온통 듣도 보도 못한 희귀한 야생화들이 별천지를 이루고 있었다. 이렇듯 현지 사정에 밝은 형과 운남 탐방을 시작한 것이다. 현지의 사전 정보와 고수 차와 야생 차 산지, 지리적, 환경적 조건 등 여러 가지를 알아보고 왔다가 2005년도에 다시 운남으로 갔다. 고산지대에 소수민족들이 사는 오지의 마을은 이동이 힘들었다.

열대우림성 기후의 날씨라 하루에도 비가 몇 차례씩 내리고 나면 막상 지프차로도 오를 수 없을 정도의 산길이 되어 두 발로 걸어오를 수 밖에 없었다. 험준한 산악지대에 바위가 굴러 박혀 길이 막히면 가던 길 멈추고 돌아서길 하며 하염없이 걸었다. 반나에서 경매, 란창, 방위를 지나서 쌍강에 여정을 풀고 빙도노채(마을 이름)와 주위의 차 산을 둘러 보았다.

다음날 새벽부터 이동해서 원시림에 올랐다. 2,000m 지점 최 끝자락 마을까지 돌아 오르는 길이 아찔하다. 이곳 원주민들은 예로부터 이 산에 의지해 사냥과 약초 채취, 잡곡류 재배 등으로 자급자족해온 촌락이란다. 이 촌락의 젊은 청년을 길잡이로 동행했다. 현지인들의 말로는 산 높이가 3,500m에 둘레 1,000km가 넘고 각종 맹수가 서식한단다. 몇 년 전부터 세계 최고, 제일의 차나무가 있다고 알려지면서 차 관련 분야 사람들이 종종 찾는다고 한다.

2,100m 지점을 오르니 몇 아름드리나무가 울창하게 밀림을 이루며 태곳적의 신비함을 자아낸다. 별천지의 세계에 온갖 나무와

식물들, 각종 희귀한 새들의 노랫소리, 난생처음 경험하는 원시림에 경이로움과 선경 그 자체다. 세상에 이보다 더 맑고 청량하고 고요한 곳이 있을까. 길 아닌 길을 걸어 좀 더 오르니 앞을 가로막는 거대한 나무가 숨을 멎게 한다. 수천 년 묵은 고목이 반쯤은 죽고 반이 살아 있는데 그 둘레가 족히 20여 m는 넘겠다. 더 놀라운 것은 그 밀림 속에 아름드리 차나무도 같이 자라고 있다는 사실이다.

이 원시림 속에서 차나무도 같이 씨가 떨어지고 자라서 헤일 수 없는 세월을 함께하고 있다. 땅에 떨어진 차 씨앗도 보이고 새끼 손가락만 한 작은 나무도, 한 아름드리나무도, 두세 아름드리 차나무도 있다. 이 경이로움에 빠져 있을 때 갑자기 동행한 청년이 안 보여 찾았더니 거대한 나무에 올라 버섯을 따고 있었다. 민첩한 행동이 마치 다람쥐 같아 보인다. 망태기에는 야생 버섯이 제법 들어 있다. 산림(수목)학을 전공한 나로서는 내 평생 이런 원시림의 품에 안긴다는 그 자체가 가장 행복한 순간이며 차 복 또한 타고난 행운이라고 본다. 또 오르니 거대한 발자국이 선명하게 보인다. 호랑이 발자국이냐고 물었더니 이 산에 사는 야생 동물이라고만 답했다. 네 시간 정도를 올랐을까. 2,400m 고도라는데 그곳에 수천 년을 자라온 거대한 고목의 차 나무가 영겁의 세월을 잊은 채 천지간의 기운을 품고 있었다. 자연의 거룩함에 세 번 절하고

나무를 감싸 안았다. 천하제일의 차나무여, 세세 영영하여라!

　이곳의 차는 채엽을 잘 안 한단다. 찻잎 따기가 힘들고 돈이 안되기 때문이다. 일반적인 보이차 하고는 동떨어져 있는 느낌이랄까. 나로서는 원시림 고산지대에서 가장 오래되고 큰 나무 차가 지니는 풍미가 어떨지 궁금했다. 잎을 관찰하니 크기가 작고 여리며 잎은 타원형에 두텁고 유난히 광택이 짙다. 묘한 게 같은 나무의 잎인데도 크기나 형태, 아와 엽이 차이가 난다. 씹어보니 찰지고 중후하다. 일반 차에 비해 쓰고 떫은 맛이 훨씬 덜하다. 하루해가 짧다. 차의 긴 여정을 여기서 끝낸다 해도 여한이 없다. 아쉬움을 뒤로 하고 하산을 해야 한다. 그리고 이후 좋은 인연 때문에 이 차를 구해 마실 수 있는 행운이 따라 주었다.

　야생차는 재배차나 보급차와 다르다. 사람의 발길이 닿지 않은 밀림 속에서 오랜 세월 동안 자란 차나무에서 딴 찻잎을 원료로 삼고 있다. 보이차 중에 제일은 교목(喬木) 고수차(古樹茶)며 나무가 클수록 최고로 친다. 직근성인 차나무가 땅속 깊이 뿌리내려서 지기와 자양분을 충분히 흡수해 차의 신령스런 기운을 간직하기 때문이리라.

　자고로 차는 신령스럽다고 했다. 이 기이하고도 신묘한 원시림 야생차가 내민 찻잎을 맛보는 것은 아주 특별한 경험이다. 녹차나 우롱차처럼 독특한 향을 뿜내지 않고, 백차나 홍차처럼 난향이나 꽃 향도 내뿜지 않는다.

　자신의 속마음을 쉽게 드러내지 않으면서도, 맛은 순하고 부드럽고 연하며, 자극적이지도 않다. 마시는 순간 온몸으로 스며들면서 잠시 후면 전신에 열기가 감돈다. 그런데도 어떤 차로부터도 얻을 수 없는 신묘함이 일품이다. 짙게 우려도 그 맛이고, 엷게 우려도 그 맛이다. 잎을 가루로 낸 뒤 씹어도 여전히 그 맛이다. 수정처럼 맑은 연초록의 광택이 나는 탕 색과 맛은 30~40 차례를 우려내어도 한결같다. 온종일 마셔도 몸에 큰 부담을 주지 않는다. 명차 중의 명차라 할 수 있다.

## 2. 보이차의 신령스러운 기운

한 잔의 보이차를 음미함은 마치 백 년 전의 선철과 대화하는 듯 역사를 뒤돌아보게 하고 지혜를 일깨운다. 이는 보이차 예찬으로서 주홍걸 교수(운남농대)의 글 중에서 찾아볼 수 있는 대목이다. 미(美)라는 것은 아무래도 감상할 줄 아는 혜안 속에서 발생한다. 보이차는 천지운무의 정수를 흡수했을 뿐만 아니라 일월성신의 기탁함을 흡수하였다. 원산지의 영기를 흡수하고 또 차를 우리면서 물의 영기를 흡수하였기에 보이차의 영수미는 끓인 물로 포다하는 중에 활짝 피어난 미를 의미한다.

보이차의 주산지는 란창강(瀾滄江) 연안에 분포돼 있는데 이곳은 산수가 맑고 수려하며 계곡이 종횡으로 나 있어 운무로 가득 차 있고 온난습윤하며 일조량이 풍족한 데다가 인적이 뜸한 탓에 도시의 오염으로부터 멀리 떨어져 있다. 면면히 둘러싸인 차산 중에 차나무는 순수 자연의 미가 가득 넘쳐 흐르고 있다.

보이차는 바로 하늘이 함축하고 대지가 배태하고 인간이 기른

영물로서 이 영험한 산과 수려한 물길 사이에서 자란다.

매년 봄철이 되면 기온이 따뜻해져서 차나무는 싹 잎을 길러 내는데, 차 싹은 탐스럽게 백호가 돋아나오고 엽은 도톰하고 엽질은 유연하며 빛깔도 선명한 초록을 띠기 시작한다.

산지의 비옥한 토양에 깨끗한 수원, 청신한 공기, 풍족한 햇빛, 적당한 높이의 해발, 다양한 생태 등등 보이차의 품질은 확실하게 보장받고 있다.

한편 천년 세월을 최고의 명차로 자리 잡고 있는 '천하제일명차, 차중지왕'이라는 무이암차는 '산천의 정화(精華)와 영기(靈氣)의 모음이요, 암골(岩骨)과 꽃향기의 결정을 지녔다. 벽수단산(碧水丹山)에 날아내리는 계곡 물은 흐르는 노을과 같고, 6.6기봉과 3.3계곡 등 기이하고 수려한 풍경은 지상의 선경과 무이산 암차의 생장에 독특한 천혜의 조건을 마련해 주었다'고 예찬을 받고 있다.

이에 필자는 무이암차와 쌍벽을 이루는 차로서 운남의 원시림, 밀림과 어우러져 자라는 '보이고수차'를 예찬하고 싶다.


보이차의 대표적 생산 지역

운남의 차 생산 지역은 맹해, 풍경, 경홍, 강성, 란창, 창녕, 승충,

취운, 사모, 경동, 운현, 락서, 쌍강, 영덕, 임창, 광남, 경곡, 남윤, 경
오, 용릉, 맹납, 녹춘 등으로 차 생산 지역이 광범위하다.

# 3. 찻잎의 선택

## 1) 야생차

운남의 야생차란 원시시대부터 자연환경의 밀림 속에서 자라는 나무로서 교목형이다. 운남의 차 품종은 다양한데 전 세계 차속에 속하는 식물 47개 종류 3개의 변종 중, 35개 종류 3개 변종이 운남에 있다. 야생차의 특징은 찻잎이 두텁고 강하며 솜털이 적다. 야생차로 만든 모차는 색상과 잎이 고르지 않고 검청색을 띠며, 특유의 아릿한 향과 비린 냄새가 난다. 찻잎에 밝은 윤택이 나며 찰지다. 연노랑의 탕색에 색, 향, 미와 기운이 좋으며 삼, 사십 탕까지 이어지는 지구성이 있다. 이런 야생차야말로 약리적인 효능이 가장 빼어나다고 봐야 한다. 한의학에서도 야생 약재의 효능은 재배 약재에 비해 40배에 달한다고 한다.

## 2) 교목 고차수

교목 고차수는 수령이 300년 이상 된 나무로 5m 이상 하늘 높이 자란 큰 나무를 말한다. 야생차와 교목 고차수는 대체로 해발이 높은 산간오지의 마을이나 깊은 계곡, 밀림 속에 자라므로 비료와 농약하고는 전혀 상관이 없는 청정 무공해차이다. 사람이 높은 나무에 올라가 가지를 휘어잡고 채엽하므로 잎의 손상이 있고 고르지 못하다. 생산량도 극히 적으며 원주민들이 전통 방식으로 차를 만들므로 그 가치는 매우 높다. 아와 엽이 강하게 뚫고 올라오며 튼실한 줄기와 흰털이 많다. 생차는 비교적 빨리 맛이 들어가며, 쓰고 떫은 맛이 적고 특유의 단맛이 길게 이어진다. 은은한 향에 부드러운 맛이 조화를 이루며 30-40탕 전후까지의 지구성이 있다.

## 3) 관목(반교목) 고차수

운남 보이차나무 종은 대엽 교목고차수이지만 다원에서 오랜 세월 자란 차나무로는 대형 분재형이다. 매년 차를 따다 보니 밑둥치는 굵으나 높이는 낮다. 대체로 수령이 200~300년 된 차나무를 대수차라 부르고, 300년 이상 된 차나무를 고차수라 부른다. 지역 마다 재배형 고차수원이 있으며, 차의 맛이나 향, 기운 등이 천차만별이다.

### 4) 재배차(다원차)

밭에서 재배되는 차나무로 수령이 100년 미만 된 소수차라고도 부른다. 매년 일정량을 생산하므로 차나무의 세력이 약화되며 병충해의 피해를 막기 위해 비료나 농약, 영양제 등을 친다. 찻잎이 비교적 여리고 고르며 작다. 지역에 따라 싱거운 맛의 차도 있고, 쓰고 떫은맛과 향이 강하며 입안이나 목에 자극을 주기도 한다. 빨리 우러나오며 탕수의 지구성도 짧다.

### 5) 교목고수차의 특징

교목고차수는 수령이 300년 이상의 높고 크게 자란 차나무를 말하며 교목고수차는 여태껏 사람의 손길이 닿지 않았던 곳의 차이다. 매년 차를 채엽하는 차나무는 4~5백 년이 되어도 높이 자라지 못하고 분재형으로 수형을 갖춘다. 고수차는 대엽종으로 첫째, 줄기와 잎이 튼실하고 잎맥이 뚜렷하다. 싹이 굵고 뾰족하며 백호가 많다. 잎이 두텁고 찰지고 밝은 윤택이 난다. 둘째, 차를 우리면 탕색이 금황색으로 밝고 투명하다. 선명한 광택이 나고 점밀도가 높다. 셋째, 풍부한 향은 화향, 찐쌀향, 시원하고 달콤한 자연향이 난다. 넷째, 맛은 감칠맛과 단맛이 감돌며 재배차의 쓰고 떫고 단순한

맛보다 중량감이 있고 풍부함이 참으로 으뜸이다. 입안의 상쾌함과
목 넘김이 부드러우며 회감 또한 백미다. 포수력도 40~50탕까지
이어지고 내구성이 대단하다. 이런 차를 마시고 나면 몸과 마음이
일순 맑아지며 기운이 북돋아진다.

## 4. 청병과 숙병

### 1) 청병의 제다법

이 제다법은 필자가 현지에서 운남 소수민족 원주민과 같이 생활하며 그들의 전통방식대로 제다한 과정이다.

첫째, 고차수나무에서 4월 초·중순 낮에 하루 종일 채엽한 찻잎을 저녁이 되면 말에 실어서 운반한다. 길이 좋은 곳은 동력차로 운반한다.

둘째, 아궁이에 불을 넣고 온도를 올린 후 불을 낮춘다. 솥의 온도를 잘 살핀 후 찻잎을 적당량 넣고 덖는다. 약 16~20분 정도 살청 후 꺼내어 유념에 들어간다.

셋째, 유념은 살청된 상태를 보고 하는데 두 손으로 공 굴리듯, 반죽하듯 아주 정성들여 한다. (살청과 유념 모두 숙련된 기술과 정성이 필요하다.)

넷째, 유념해서 모아둔 차를 통풍이 잘되고 햇볕이 잘 드는 장소에 널어 말린다. (운남의 4월 날씨는 아주 청명하고 맑은 편이다.)

다섯째, 이틀 정도 쇄청을 한다. 날씨가 좋아 쇄청한 차가 잘 건조

되었을 때는 깨물어 보거나 비볐을 때 바스락거리며 깨어진다. 흐린 날씨에는 다음 날까지 더 쇄청 건조를 시켜서 자루나 박스에 담아 창고에 저장한다. 여기까지가 쇄청모차 단계이다.

여섯째, 쇄청모차를 보관이나 운반 중에 깨어진 부스러기와 가루를 털어내고 선별한다. 무게를 달아 증기에(50초~1분) 찐다. 그리고 내비를 넣고 모형에 따른 긴압을 시킨다. 병배는 단일 차청이기 때문에 하지 않는다. (전통 수제 석모 긴압)

일곱째, 건조(자연통풍 건조)를 한다.

여덟째, 포장을 한다. 질이 좋은 종이(딱종이)로 싸고, 7개씩 모아 대나무 죽순 껍질로 재포장한다.

수제 제다 차와 대형 차창 제다 차는 많은 차이점이 있다. 고급 차들이 전통 제다법으로 만들어지지만, 대형 차창에서는 기계식으로 살청 및 유념을 하므로 찻잎이 골고루 살청이 되지 않을 뿐더러 유념 또한 기계로 압축하여 하므로 찻잎이 찢기고 진액이 나와서, 탕색이 흐리며 쓰고 떫은 맛이 강하다. 유념 후 쇄청 대신 홍건(기계의 열풍 건조)기에 의존하는 경우가 대부분이다. 보이차의 품질을 결정짓는 가장 중요한 요소는 '어떠한 찻잎의 원료를 사용하여, 어떠한 기술적인 과정으로 제다를 했는가' 이다.

## 2) 숙병의 제다법

### 첫째, 악퇴(쌓아두기)

악퇴(渥 두터울 악, 堆 높이 쌓일 퇴)란 1차 가공한 쇄청모차를 원료로 하여 인공적인 방법으로 찻잎의 숙성 발효를 가속시키는 과정으로서 보이차 제다공정의 하나이다.

일정량의 모차에다 물을 뿌려서 차를 쌓아두고 적당한 온도와 습도를 맞추어 주면 미생물이 자연스럽게 접종되어 번식한다. 유익한 균을 미리 배양한 미생물 발효제를 찻잎에 섞어서 접종하면 발효시간을 단축시킬 수 있다. 내부의 온도가 올라가면서 다양한 미생물의 활동과 함께 발효가 진행된다. 내부의 온도가 60℃ 전후가 되다가 65℃가 넘어가면(미생물이 사멸) 찬물을 뿌려 온도를 내려주고 가습을 해준다. 악퇴 시 온도와 조수 함량이 중요하며 내부의 온도가 너무 올라가면 검게 타는 탄화 현상이 일어나고 함수량이 많으면 찻잎이 뭉개진다. 발효가 부족하면 다시 발효 과정을 거친다. 악퇴 과정은 모차에 미지근한 물을 뿌려 습기를 가한 후 1~1.2m 높이로 쌓아두고, 호기성 미생물에 의해 발효가 잘 일어나도록 한다. 1주일 정도 지나면 1차 뒤집기를 하여 찻잎에 균일하게 발효가 일어나도록 한다. 건조와 습기의 상태에 따라 다시 습기를 가하여 쌓아두고

1주일 정도 후, 2차 뒤집기를 한다. 계속 3, 4차 뒤집기를 하는데 횟수와 기간은 각 차창에 따라 다르다. 이런 악퇴의 과정은 6주 이상이 소요되며 악퇴 시 물을 뿌리는 양은 차 양(量)의 30~40% 정도고, 악퇴 시 최적온도는 50~60℃이다. 65℃ 이상이 되면 찻잎이 검게 타는 탄화현상이 생겨 품질이 떨어진다. 이런 과정에서도 악퇴 발효가 부족하면 두 번째 조수 악퇴 과정을 거치는데 이 또한 숙차의 품질이 떨어지게 되는 요인이다. 숙차를 만드는 악퇴 과정에서는 미생물이 많이 번식하는데 이를 미생물 속성 발효차라고도 한다.

### 둘째, 번퇴(뒤집기)

보이차를 한번 발효할 때 원료의 양이 1톤에서 수십 톤까지로 대단히 많다. 이 차를 1미터 이상 쌓아놓고 발효를 진행하기 때문에 상층, 중심층, 하층의 온도, 습도, 산소 등의 조건이 달라지고 따라서 발효 정도도 차이가 난다. 각 층의 찻잎을 섞어서 고르게 발효가 진행되게 하는 것이 번퇴다. 대량 생산에서 발효를 마치기까지 5~7회의 번퇴를 거치고 매회 번퇴까지 7~8일이 걸리며 총 발효 기간은 40~60일이다.

셋째, 건조

골고루 늘어놓고 통풍 건조를 잘 시킨다.


넷째, 포장

산차로 두거나, 증기에 쪄서 긴압 건조 후 포장한다.

숙병도 차창마다 특유의 맛을 가지는데, 이는 그 차창에서 일 년 내내 숙차를 만들거나 보관하는 숙차 또는 자생하는 독특한 균주에 의해서 숙성 발효가 일어나기 때문이다.


※악퇴 발효

악퇴의 역사는 1960년대 각 차창에서 진행되었으며, 문화혁명(1973년) 이후부터 기술의 혁신화로 품질이 많이 향상되었다.

보이차가 복잡하고 맛의 변화가 다양하다는 것은(생차의 습창 발효 포함) 모차로부터 2차 가공으로 진행되는 숙성 발효 과정 때문이다. 청병 생차의 경우 건창으로는 오랜 시간과 세월 속에 천천히 후발효 및 숙성이 진행되면서 맛이 들어가지만, 악퇴로 숙성시키는 차는 발효가 속성으로 진행된다. 발효가 진행되는 요인들은 온도, 습도, 영양, 시간 등에 미생물이 번식하며 복합적으로 일어

난다. 악퇴의 정도에 따라 찻잎의 색상과 탕색, 맛의 변화 등이 다양해진다. 악퇴를 강하게 할수록 찻잎의 색상은 밤색, 밤 갈색에서 짙고 어두운 쪽으로 가며, 우리고 난 후의 찻잎은 색상은 고르나 탄력성이 적고 잎의 파손이 심하고 고르지 않다. 탕색도 악퇴, 숙성발효가 적고 많음에 따라 주황, 주홍, 밤색, 짙은 밤색, 검은색으로 치우치게 된다. 전통방식으로 잘 만들어진 숙성 차는 비교적 탕색이 맑고 선명하며, 독특한 숙미와 부드러운 맛이 난다.

# 5. 건창과 습창

건창과 습창이라는 용어는 광동이나 홍콩, 대만 등지에서 보이차를 저장, 보관, 숙성, 진화시키는 창고를 뜻하며 상인들에 의해 보편화된 단어들이다. 건창이란 보이 생차나 숙차를 만들어서 자연환경 속에서 통풍이 잘되는 창고나 일정한 장소에 저장해서 오래 묵히는 창고를 말한다. 습창이란 청병(생차)을 밀폐된 공간에 넣어(입창) 대략 2~3년 정도 관리를 하는데 창고 내부의 온도는 30℃ 이상, 상대습도 70~80% 정도를 유지하면서 곰팡이나 매변이 일어나는 것을 방지하기 위해 통풍시키고 자리를 옮겨가면서 관리한다.

퇴창을 시켜 자연환경에서 건조하는데(1년 정도) 습창에서 밴 탁하고 칙칙한 냄새를 없앤 후 상품화하여 출하한다. 인위적인 방법으로 고온다습한 창고에서 차를 빨리 진화 숙성시키는 것을 습창이라 한다. 습창차의 특징은 찻잎에 윤택이 없으며(어두운 갈색) 병면의 향이 약하고, 차를 우렸을 때 탕색은 진하고 어둡다.

생기있는 향이 부족하고 기운도 약하며, 입안에서는 혀와 목구멍
부위에 강한 자극이 느껴지기도 한다.

곰팡이가 생긴 습창 차

# 6. 보이차 보관 방법

보이 신차를 보관하는 방법도 중요한 부분이다. '월진 월향'이란 말이 있는데 이는 세월에 따라 계속 숙성 발효되고, 그 숙성도에 따라 맛과 향이 좋아진다는 뜻이다. 세월의 흐름과 함께 자연의 영향을 받아 보이차가 익어(진화)가는 과정을 표현해 주는 말이기도 하다. 즉 온도, 습도, 산화 효소의 작용, 미생물 등에 의한 숙성이 끊임없이 진행되면서 맛이 들어가기 때문이다. 미생물은 생장 조건만 맞으면 어디서든지 활동이 이루어진다. 5℃ 이하에서는 가사 상태이지만 8℃부터 활동을 시작, 37℃에서 가장 활발하게 증식 작용을 하며 60℃ 이상에서는 대부분 사멸한다. 보이차 사업가들이야 신차를 대량 구매해서 창고에서 과학적으로 관리하지만 일반 소장가들은 간단한 보관법이 필요하다. 일정한 보관 장소를 정해 직사광선을 차단하고 통풍이 잘되며 잡냄새가 배지 않는 곳에서 온도와 습도는 지나치게 높지 않게 해서 보관하는 것이 좋다. 음식 냄새나 화공 약품(세제, 살충제 등), 향 피우는 것 등을 멀리해야 한다.

차는 원 포장 상태나 대나무 죽순 포장 통째로 같은 차끼리 보관하는 것이 좋으며, 용기에 보관할 때는 공기 통풍이 잘되는 대바구니나 옹기, 자사호 등에 넣어두는 것이 좋다. 차를 구매했을 때에는 그 차에 대한 이력카드(구입일시, 생산일시, 가격, 차 산지, 봄 차인지 가을 차인지, 기타 특징 등)를 작성하여 함께 보관한다. 세월 따라 차가 익어가는 향기 속에 다중락을 즐겨 보는 여유를 갖자.

# 7. 보이차 품평

  보이차 품질의 우열은 찻잎에 대한 감각기관으로 하는 심찰 평가와 물리 화학적인 검사를 통하여 평가할 수 있다. 물리 화학적인 검사는 여러 가지 측정 기구와 설비를 이용하여 찻잎의 성상에 대한 측정과 찻잎의 각종 유효한 화학 성분을 분석함으로써 품질의 우열을 판단한다. 감각적인 심찰 평가는 찻잎의 외형, 향과 찻물의 색, 향, 미, 찻잎 상태 등을 시각, 후각, 미각, 촉각 등의 감각과 풍부한 경험을 활용하여 관찰하고 품질 특징이나 표준 품질의 수준 정도를 판단할 수 있다. 감각적인 심평법은 외형에 대한 평가와 내질에 대한 평가로 나눈다. 건평인지 습평인지 실물의 표준 모양과 대조하여 외형을 평가하고 내질에 대한 여러 요소를 심평하고 나서 각 요소에 대한 심평 결과에 의하여 차의 품질을 판단한다. 외형 심평은 선과 윤곽, 빛깔과 광택, 균등, 깨끗함 등의 평가와 내질 심평은 찻물 색깔, 향기, 맛, 우리고 난 후 찻잎 상태 등을 평가한다.

## 1) 생차의 품평

### (1) 윤곽 평가

봄에 채엽한 찻잎인지 여름, 가을에 채엽한 찻잎인가를 살핀다. 봄 차는 싹이 먼저 위로 길게 뚫고 올라오면서 잎이 나선형으로 붙어 퍼지지만, 여름 찻잎은 싹이 짧고 잎이 길게 먼저 자란다.

찻잎은 빼곡하고 알차고 단단한 것이 좋다. 이런 차는 제다 기술이 좋으며 살청과 유념이 잘된 차이다.

재배차인지, 고수차인지, 야생차인지를 구별해 본다. 단일차청인지 병배차인지, 병배의 비율도 살펴본다.

### (2) 빛깔과 광택

빛깔은 보이차를 평가할 때 아주 중요한 요소이며 빛깔에 따라 가공의 좋고 나쁨을 직접적으로 반영할 수 있다. 빛깔은 홍갈색이나 흑록색이고 균등, 일치하는 것이 좋다. 후 발효과정 중에 발효과도나 불균등은 빛깔이 어둡거나 복잡하며 좋지 않다. 광택은 색깔의 윤기와 선명한 정도의 표현이다. 선명하고 윤기가 많은 것이 좋다.

### (3) 깨끗한 정도

잎이 다 자란 센 잎이나 거친 줄기, 파손된 잎, 잡다함이 없어야 한다. 일정한 성숙도나 함량이 많은 것은 부드러운 정도가 높다.

### (4) 내질 심평

차를 우렸을 때 향기의 순도, 지구성 및 정도를 비교하며 향기가 짙거나 강한 것은 좋으나 썩은 냄새, 잡냄새, 지릿한 냄새 등의 불유쾌한 냄새는 좋지 않다.

탕색은 혼탁하거나 흐리지 않아야 하고 밝고 선명해야 한다. 맛은 진한 정도, 부드러운 정도, 농도 및 뒷맛(입안에서 느껴지는 다양한 맛)을 비교해야 한다. 입안으로 들어갈 때 부드럽고 진하고 뒷맛이 감미롭고 생침이 생기는 것이 좋다. 쓰고 떫고 시지 않으며, 자극이 없어야 하고 탁한 맛이 없어야 한다. 재배차가 쓰고 떫은 맛이 강하고, 고수차는 쓰고 떫은 맛이 적고 특유의 단맛이 많으며 부드럽다. 여러 번 우렸을 때 색, 향, 맛, 기운 등 지구력이 오래가는 것이 좋다.

우리고 난 후의 잎(엽저)은 부드럽고 연하면서 탄력이 있어야 하고, 홍갈색에 윤기가 있고 균등 일치한 것이 좋다. 잎이 파손되거나 잡스럽거나 색깔이 어둡고 윤기가 없는 것, 잎이 물러서 쉽게 뭉개지는 것은 좋지 않다.

엽저를 보면 다양함을 알 수 있는데, 중소엽종인지 대엽종인지, 야생, 고수차인지 재배차인지, 한 종류의 찻잎으로 만들었는지 병배를 했는지, 어떠한 환경 조건에서 만들었는지 등을 관찰할 수 있다.


### 2) 노차의 품평

시장에 현존하는 노차는 많지 않다. 차학계나 운남의 보이차 전문가들도 노차에 대하여 평가하는 정확한 기준이나 근거가 없다고 한다. 노차의 진실한 연대 또한 정확히 단정할 수가 없다.

운남 각 산지의 다양한 품종과 제다의 방법, 포장의 재질, 저장 과정의 품질관리 등에 따라 차 맛도 천차만별이다. 지역에 따라 중, 소엽종과 대엽종, 관목과 교목, 재배 차와 야생차, 고수차, 봄 차와 여름, 가을 차 등에서도 차 맛이 다르다. 거기다 차를 긴압시킬 때 고급, 중급, 하급의 찻잎을 섞어(병배)서 맛의 다양함을 추구한다. 특히 70년대 초부터 습창 기술의 발전으로 보이차 변화는 더욱 심화되었다. 인위적으로 차를 빨리 숙성 진화시키는 방법으로 온도, 습도, 시간의 조절에 따라 차는 또 다른 변화를 가져왔다.

노차의 품질에 대한 평가는 생산자, 수장가들이나 오랫동안 장사를 해온 상인들, 보이차 애호가들 등의 보편타당성을 종합해 판단

호급차의 병면

하고 있다. 노차라 하면 30년 이상의 세월 속에 차가 잘 익어 맛이 들어있는 차이다.

### (1) 외질 평가

① 포장을 근거로 생산 시기와 어느 차창에서 만들었는지, 저장의 상태가 어떠했는지를 관찰한다. 대나무 껍질 포장 상태, 포장지의 재질, 인쇄의 방법, 긴압의 느슨한 상태 등으로 연대와 맞는지를 살핀다. 오래된 차는 무게도 대체로 가볍고 긴압 상태도 느슨하다.

② 외부 표면(병면)을 잘 살펴본다. 보관 시 과습으로 이상 발효가 일어나서 본래의 성품을 잃지 않았는지, 흰 곰팡이나 검고 어둡고 탁한 푸른색의 곰팡이(매변)가 있는지 등을 살핀다. 이러한 차는 질이 현저히 떨어지며 상품의 가치도 없을뿐더러 음용하기에도 부적합한 차이다. 이상이 있는 차는 어둡고 탁한 검은색을 띠며 곰팡이 향에 느낌도 좋지 않다. 정상적으로 보관 숙성된 차들은 밝은 갈색이나 흑갈색 또는 황·홍색을 띠며 윤기가 난다. 습창으로 만들어진 차는 흰 곰팡이가 있거나 윤기가 없고, 검거나 짙게 변한 것으로 보인다.

(2) 내질 평가

① 노차의 탕색은 주홍에서 검붉은색 또는 밤색을 띠며 짙으면서도 밝고 선명한 빛을 띤다. 탁하고 흐리거나 짙은 먹물색은 좋지 않다.

② 맑은 진향에서 올라오는 그윽함은 노차의 백미를 느끼게 한다. 습창 차는 탁한 향이나 미세한 곰팡이 냄새가 올라온다.

③ 쓰고 떫은 맛은 없어지고 단맛이 많으며 다양한 물질이 녹아 있는 듯한 느낌이 침샘을 자극한다. 부드럽고 매끄러움에 자극이 별로 없다. 입안이 탁하거나 혀에 느껴지는 까칠함, 목으로 넘길 때 걸림이 있으면 좋지 않다.


3) 숙차의 품평

(1) 외형은 갈황색이나 엷은 밤색을 띤다. 검은색은 지나친 악퇴 과정에서 오는 것으로 좋지 않다. 차가 떡처럼 짓뭉개져 들러 붙어 있거나 지저분한 것도 마찬가지다.

(2) 탕색은 진홍색 또는 짙은 밤색에 밝고 맑은 것이 좋다. 먹물색이나 검고 탁한 색은 좋지 않다. 또한, 엷고 흐린 탕색도 좋지 않다. 좋은 차는 탕색이 짙어도 선명한 광채를 띤다.

(3) 차향은 다양한데 숙미가 사라진 묵은 향이 좋다. (맑고 연한 대추향, 곶감향, 인삼향, 장향 등) 탁하고 역겨움을 주는 차는 피해야 한다. (찌릿하고 볏짚 썩은 향, 흙냄새나 혼탁한 향, 약품 냄새가 나는 것 등)

(4) 조화롭고 깊은 맛에 부드러우면서 단맛이 있어야 좋은 차다. 신맛, 쓴맛, 떫은맛, 흙 맛, 탁한 맛, 싱거운 맛, 잡스러운 맛 등은 좋지 않다. 입안이나 혀, 목구멍에서 통증이나 자극을 느끼지 않아야 한다. 농후한 맛에 부드럽고 매끄럽게 목으로 넘어가야 좋다. 마신 후에도 속이 편안하고 따뜻한 기운이 감돌면 좋다.

(5) 엽저는 갈홍색이며 검게 탄화된 잎이 없어야 하고 파손이나 짓뭉개진 잎이 없어야 한다.

4) 품평 시 참고 사항

차를 우릴 때 먼저 농도를 진하지 않게 해서 품평을 해보고(너무 진하면 혀끝이나 입안을 마비시켜 차 맛을 제대로 못 느낌) 그 다음 진하게 우려서 탕색, 향, 맛, 기운 등 그 차의 특징을 관찰해 본다.

주요 고차수 산지

## 파달산의 깊은 수림에서 하루

2019년 3월 11일 운남성 서쌍판납으로 가서 숙박하고 파달산에 먼저 도착하였다. 늘 운남에서 모든 일을 안내해 주는 동생과 함께 이번에는 현지 차농의 안내를 받으면서 입산하였다.

이 지역은 1,700년 차왕수가 있었는데 2013년 태풍으로 부러져 고사하였다. 차 농민 가운데 160명이 동원되어 차왕수를 맹해현에 있는 진승차창에 안치하였다. 우리는 차왕수가 있었던 주변의 생태도 함께 보기 위해서 들어갔다.

그런데 1,700년 파달산 차왕수 옆에 고차수 두 그루가 더 있다는 것을 알게 되었다. 그리고 더 깊은 골짜기로 들어가서 수령 1,700년과 동일하거나 더 수령이 많을 것으로 추측되어 현재 국가에서 조사 중에 있다는 나무를 보기도 했다.

주변에는 작은 폭포가 보이고 봄소식을 알 수 있는 꽃들이 군데군데 피어있음도 확인할 수 있었다. 이런 곳을 탐방하면서 늘 느끼는 점은, 차나무가 발견되는 지점들이 전부 하나같이 어느 나무가

차나무인지 모를 정도로 주변 나무들과 조화를 이루는 그곳 생태계의 어울림이 실로 경이롭다는 것이다.

이번에는 농가의 동생 덕분에 주변 차나무와 자연차, 자아차, 자조차 등에 대한 설명을 듣고 다니면서 차 산지의 현장 학습을 겸하는 시간이 되었다. 특히 1,700년 고차수가 고사된 이후 맹해 진승 차창으로 옮겨지고 그 자리에 비를 세웠는데 우린 그곳에서 중국 5대 차왕수에 속하는 그 차에 대한 고마움에 함께 묵상을 하고 그 당시의 차나무와 오늘날 고차수에 대한 차인들의 생각들을 이야기하는 시간을 가졌다.

만노 고수차

　삼월 말, 타이시와 노반장에 사는 동생 지프차로 만노로 향한다. 맹해에서 란창 방향으로 두세 시간을 가야 한다. 높은 산 계곡을 지나니 산벚나무 꽃과 각종 야생화가 온 산을 수놓고 있다. 하늘은 푸르고 구름은 두둥실 어찌 그냥 지나치리오. 쉬면서 아름다운 풍광에 신선도인이 되어 본다. 따뜻한 남쪽나라 운남은 산악지대로 이루어져 있어 어디를 가나 아름다움을 자아낸다. 달려서 만노에 도착하니 동생 친구가 기다리다 반가이 맞는다.

　만노는 부랑족 한족이 살며 야트막한 산비탈에 남향으로 넓게 자리 잡고 있다. 주위에 큰 숲은 없지만 야산에 띄엄띄엄 고차수가 자리 잡고 있다. 큰 나무는 300-500년 수령에 건강하고, 이곳 차왕수는 700-800년은 되었단다. 친구 집에 도착하니 갓 딴 햇차부터 우려서 손님을 맞는다. 풋풋하고 상큼한 향에 달고 상쾌한 아미노산의 감칠맛이 입안을 가득 채운다. 이런 신선함 때문에 오지의 때 묻지 않은 곳을 찾게 된다. 마을은 적막강산이며 고요하다. 한참 품다를 하고 있는데 집 담장 너머로 인기척이 들린다. 나와 보니 족히 오백년은 되어 보이는 큰 차나무가 두 그루 있는데, 그 나무 위에서 아가씨 두 명이 찻잎을 따고 있다. 올해도 찻잎이 무성하게 잘 올라와 좋다고 한다.

다원을 둘러보았다. 산비탈에 300-500년 수령의 고차수들이 싱그럽게 자라고 있다. 햇빛을 많이 받는 지형이다. 비교적 사람들의 손을 덜 탄 곳으로 순수성이 있다. 이곳의 차 맛은 비교적 순하고 부드럽다. 샘플을 조금 사서 챙기고 다음 차산지로 이동한다.


### 포랑산 고차산(布朗山古茶山)

포랑산은 중국 유일의 포랑족향(布朗族鄉)이며, 포랑족(布朗族)은 맹해현(勐海縣)의 토착민으로, 예부터 "복인(濮人)", "복자만(扑子蠻)", "포만(浦蠻)"이라고 칭하였다. 운남의 차학자, 역사학자, 민족학자 등은 이미 포랑족이 운남성에서 가장 먼저 차를 재배한 민족이라고 한다. 포랑산 고차구(古茶區)와 하개 고차구(賀開古茶區)가 연이어 있으며, 반장촌 위회로만아(班章村委會老曼峨)와 노반장(老班章), 신반장(新班章)과 신룡촌 위회만신룡(新竜村委會曼新竜)등의 촌락에 주로 분포하고 있다. 노만아(老曼峨)는 포랑산향(布朗山鄉)이 최초로 가장 크게 지은 포랑족 마을로서, 639년에 건축하여 2014년 까지 1,374년의 역사를 가지고 있으며, 고차수 면적이 3,205묘(641,000평)에 달한다. 1묘(畝)는 우리 개념으로 약 200평 정도의 넓이에 해당되겠다(1평=3.305785m²).

수령 1,300년 된 고차수

반장의 의미는 '계수나무의 꽃 향기가 퍼지는 곳'이라는 뜻이다. 노반장과 신반장으로 나눠지며, 일찍이 포랑족의 거주지였는데, 후에는 합니족의 거주지가 되었으며, 고차수(古茶樹)의 면적은 4,500여묘이다. 노만아, 반장의 고차수 연령은 평균 200여년이다. 생산된 차 잎은 흰 털이 아주 뚜렷하고, 새 순이 뾰족하고 두껍고 밝으며, 맛이 중후하고, 농후하고 회감(回甘)이 좋은 특징을 가지고 있는 우수한 상품이다. 어떤 차인(茶人)은 반장차(班章茶)가 보이차중 왕중의 왕이며, 가장 우수한 보이차 원료이고, 훌륭한 소장품이라고 극찬한다. 만신룡(曼新竜)은 포랑족 마을로서, 고차수(古茶樹) 면적이 300여묘(60,000여 평)이고, 생산된 차 잎은 우려낸 차색이 황색을 띠며, 아주 향기로운 특징을 가지고 있다.

반장에는 나와 의형제를 맺은 운후씨 가족이 조상 대대로 모여 살아오고 있다. 깊고도 높은 산속, 세상에서도 오염되지 않은 청정한 그 곳에서 동생 운후씨가 차 농사를 지으며 살고 있다. 하니족 전통 가옥에서 가장 토속적인 향기와 음식을 먹으며 세상 시름 버리고 편히 쉴 수 있는 곳이다. 돈이 된다고 남들은 여름차, 가을차를 따서 팔지만 나는 차나무 보호와 좋은 품질의 차를 위해서는 여름 차와 가을 차를 못 따게 극구 만류를 하는데 동생도 내 뜻을 따라줘서 고맙다. 이곳은 자손 대대로 이어질 최고의 차농사지가 아닌가.

마시랑 고차수

멍송은 근래에 와서 유명한 차 산지로 신육대 차산으로도 알려져 있다.

남나산 건너편에 마주한 차 산지로 아늑한 산 봉우리가 올망졸망하게 끊임없이 이어지고 산 비탈 사이로 고차수가 흩어져 있다. 고차수 산지는 주로 산의 칠, 팔부 능선에 위치하고 있으며 밑으로 내려오면서 작은 나무의 다원이 형성되어 있다. 고차수 다원 가운데 모수(母樹)의 큰 나무가 한 그루씩 있는데 이것을 독수차라고 부른다. 사람의 손을 덜 탄 고차수 다원은 나무가 세력이 좋고 잎도 무성하며 차기도 좋다. 돈이 된다고 춘차, 하차, 추차를 따 내는 다원의 나무들은 나무가 세력을 잃고 비실비실하며 잎도 왜소해 보인다. 차기와 맛도 떨어진다. 나무가 고사 직전이나 말라 죽는 나무도 많다. 마음 찡하며 안타까울 따름이다.

이곳에 하니족 동생 친구분들이 있고 나와 친분이 있는 이선생이 산다. 교사인데 성격이 낙천적이고 술도 좋아한다. 우리가 찾아 간다고 하니 닭 잡고 맛난 음식과 술로 식탁 가득 잔칫상을 차려 놓고서 부인과 기다리고 있었다. 이 선생에겐 첩첩산중 외진 곳인데도 바깥에서 먹물을 많이 먹었다고 풍류로운 멋이 있다. 겹겹이 쌓인 산경이 내려다보이는 전망 좋은 곳에 다실을 짓고 서화도 걸어두고

스스로에게 만족하며 살고있는 자신이야 말로 부자라고 말한다. 식사와 술자리가 흥겹다. 부인이 한참 동안 안 보이더니 어느새 하니족 전통의상을 입고 동생과 함께 나타나 춤사위를 선보인다. 집 안에 있는 차 나무에 올라가 찻잎도 딴다.

집을 나와서 지프차로 험한 길을 돌고 돌아 오르고 올라 구름 속 마사랑 고차수 다원에 올랐다. 천혜의 환경 속에 삼사오백 년 된 큰 나무들이 우람하게 버티고 있다. 이런 좋은 기운을 받는데 어찌 빨리 늙어 가리오. 이곳 고수차의 특징은 꽃 향에 부드러운 단맛이 좋고 긴 여운을 남긴다. 내일은 더 깊고 험준한 지역에 있는 고차수를 만나러 갈 것이다.


### 빙도 고수차(冰島 古樹茶)

쌍강 맹고에서 하루를 묵고 새벽같이 빙도 노채를 오른다. 길도 험하거니와 길을 내느라 더 힘들다. 머잖아 호수가 만들어 질 거란다. 얼마 전 까지 만해도 주로 말에 짐을 실어 네 다섯 시간 걸려 밑에 까지 내려와 장을 보고 다니던 길이다. 급경사 지역을 굽이굽이 돌아 오르니 산등성이에 낡은 집 일이십 채가 옹기종기 붙어 초라하게 자리 잡고 있다.

해발 2,000m라는데 주위는 민둥산이고 다른 나무는 없고 고차수만 군락을 이루고 있다. 어떻게 이런 곳에서도 사람이 살아 갈 수가 있을까. 빙도(冰島얼음 섬), 왜 빙도라고 이름을 붙였을까. 사람이 살수 없는 오지중의 오지라 그런 이름을 붙였으리라. 일교차는 크지만 눈 내리지 않고 얼음 또한 얼지 않는 곳이다. 운후씨 동생이 친정 엄마 집이라고 안내한 움막 같은 집 마당에 들어서니 차를 덖어 멍석에 말리고 있었다. 한줌 쥐어 향을 맡으니, 아~ 쌉싸름 하면서도 달콤한 향이 신비롭다. 주위의 차나무부터 둘러보았다. 큰 나무는 천년 수령이라 하고 육 칠백년 수령 차나무와 또 그보다 조금 낮은 고차수들로만 군락을 이루고 있다. 사진 작업을 마치고 차잎을 따기 시작했다. 옆 나무엔 70대 할머니도 올라가 잎을 따고 있었다. 나는 종일 따야 2-3kg 인데 그 동네 사람들은 나무 높이 올라가서도 10kg 이상은 따 내린다. 요즘은 운현, 영덕, 경곡, 천가채와 빙도, 석귀로 대표되는 중부 임창 지역의 보이차가 인기가 높다. 빙도촌은 행정적으로 운남성 임창시 쌍강현 맹고진 북쪽에 위치하고 있다. 빙도차는 명.청 시대, 임창 지역에서 인공적으로 제일 먼저 차 나무를 심은 곳으로 맹고 대엽종 차수가 퍼져 나간 주요 발원지로 알려져 있다.

그래서 전반적으로 고차수의 수령이 높고 관리도 비교적 잘 되어 있다.

冰島老地界古純號

빙도 지역은 남맹하라는 하천을 경계로 동쪽 산과 서쪽 산 주변의 다섯 마을을 합쳐 빙도5채(南迫남박, 冰島빙도, 地界지계, 坝歪패의, 糯伍유오)로 부르며 모두 진품 빙도 고수차가 생산되고 있다.

실제로 북쪽 맹고 지역 고수차는 그동안 관심을 받지 못하였을 뿐 해발도 높고, 주변 환경이 좋아서, 관리가 잘된 고수차가 많다고 알려져 있었고 그 중에서도 맹고 빙도 지역은 수령이 높은 고수차가 많은 산지로 튼실하면서 독특한 맛과 향을 지니고 있어 일찍부터 찾는 사람이 많았다.

빙도 고수차는 최근 몇년 그 인기가 치솟으면서 맹고 지역 일대의 수령 높은 고수차가 전부 빙도 고수차로 둔갑하여 판매되고 있는 것이 현실이다. 빙도 고수차만의 독특한 맛과 향을 지닌 빙도 진품은 타 지역의 고수차와 확실히 구분이 되는 특징을 지니고 있다.

그 달콤함이 달달한 과일향으로 느껴지는데 잘 익은 수박향이 난다고 하기도 하고 잔에 남은 향을 맡으면 달콤한 빙당(冰糖)향이 난다고 표현한다. 남쪽 서쌍판납 고수차와는 구분되는 색다른 화과향(花果香)이 난다. 특히 사포닌향과 맛이 독특하다.

빙도 고수차는 차탕이 금황색으로 아주 맑고 깨끗한 것이 특징이다. 처음 마시면 맑고 산뜻한 맛이 고삽미도 아주 가볍고 평범한 듯 하다가, 마시고 난 후에 돌아오는 회감이 아주 달콤한 것이 입안

전체로 퍼져 오래 머문다.

　빙도차는 이름처럼 시원한 청량감이 아주 정확한 고수차로 차탕을 차갑게 식힌 후 마시면 빙당향이 더 정확하게 느껴진다.


### 만전 고차산(蠻磚古茶山)

　만전에는 내 의제 유천씨가 살고있는 고향이다. 일가친척 모두가 차 농사를 짓는다. 이우 및 혁등, 마흑, 의방 등지에서 고수차를 생산하고 있다. 고산 지역에는 자생하는 야생에 가까운 큰 나무 차들이 있다. 이곳 지형은 험준한 산악지대이며 자연 환경이 잘 보존되어 있다. 라오스와 경계이기도 하다. 부모님들이 생존해 계시며 유천씨가 어릴 적, 아버지는 종종 곰을 잡아와 요리를 해 먹었다고 한다. 지금은 원림을 훼손시켜 대단지 고무나무 식재로 많이 황폐해져 있다. 만전에 가면 야생과일들을 먹는 즐거움도 백미다. 야생 바나나, 파인애플, 구아바, 망고, 구루 등등.

　만전고차산은 만림(蠻林)과 만전(蠻磚)등지를 포함하고 있다. 동쪽으로 역무(易武)와 근접해 있고, 북쪽으로는 의방(倚邦)과 이어져 있어, 육대차산의 중앙에 위치하고 있으며, 차나무의 둘레가 100cm 이상인 나무가 지금까지 다수 보존되어 내려온다.

만장촌사서(曼庄村史書) 중에 만전(蠻磚)이라고 불리어졌는데, 제갈량을 숭배하는 차산인(茶山人)이 말하기를, 제갈량이 고육대차산(古六大茶山) 시기에 만장(曼庄)에 단단한 벽돌을 묻었는데, 그래서 여기를 매전(埋磚)이라 칭하였으며, 후에 만전(曼磚)이 되었음을 추론할 수 있다. 또 다른 설로, 태족어 중에 만장(曼庄)의 뜻이 큰 마을 중에서 중심이 되는 마을인데, 만장이 과거에 족장들이 자주 모여 각종 일들을 해결하는 곳이었기 때문에 만장이라 칭하게 되었다고 한다.

차나무 숲(茶林)은 불규칙적으로 원시림에 흩어져 있었지만, 몇 세대를 거쳐서 농민들의 정성스러운 관리 덕분에 지금에 이르러서도 여전히 차 잎이 백만 근 이상 생산된다. 20세기 90년대 만전촌(曼磚村)은 '만장의 우수한 차' 상품이라는 명성을 회복하였으며, 차 잎이 독특하고, 차의 새싹이 눈과 같이 희고 빛나, 앞 다투어 구매하려는 상품이 되었다. 1994년 서쌍판납주정부(西双版納州政府), 맹석현정부(勐腊縣政府)는 만장차산(曼庄茶山)에 만 묘(萬畝)의 차원(茶園)을 새로 건축하기로 확정하였다.

현재 만전 고차산(曼磚古茶山)은 만장촌위회(曼庄村委會) 스무 개 마을과 만림촌위회만림(曼林村委會曼林), 고산(高山), 소만(小曼)등 세 개의 마을을 포함하고 있다.

### 방외 고차산(邦崴古茶山)

방외 고차산은 난창부동향방외촌(瀾滄富東鄉邦崴村), 나동(那東), 소패화남전촌(小壩和南滇村) 등에 주로 분포하고 있으며, 운남성 난창랍호족(瀾滄拉祜族) 자치현 북부에 위치한다. 청말의 방외는 당시 보이차의 육대 차산의 하나로서, 중요한 차생산지였다. 지역 연평균 기온은 16.8℃이며, 햇볕이 풍족하고 연중 좋은 날씨로 기온이 온화하다. 여름에는 혹독한 더위가 없고, 겨울은 한파가 없는 일년 사계절이 다 좋아서, 고품질 차의 생장에 가장 유리한 조건을 갖추고 있다. 1700년에 이르는 방외(邦崴)의 과도형고차수(過渡型古茶樹)는 높이가 11.8m가 되고, 나무 폭이 8.2m×9m이며, 그 지역 촌민들은 계속 채집하여 식용하고 있다. 우려낸 차의 색이 금황색이며, 잎 아래가 황록색이고, 쓰고 떫은맛이 비교적 잘 나타나고, 쓴맛은 달게 변하여, 비교적 오래 지속된다. 또한 산의 기운이 강하여 찻잔에 향이 오랫동안 머무르며, 깔끔하고 진한 특징을 가진다.

### 경매 고차산(景邁古茶山)

경매 고차산은 중국 운남성 서남 변경에 위치하며, 보이시 난창랍호자치현혜민향(瀾滄拉祜自治縣惠民鄉)의 망경(芒景), 경매(景邁)등에

주로 분포하고 있으며, 1,800년의 차 역사와 28,000 묘의 고차원(古茶園)을 가지고 있는, 운남성의 저명한 고차산(古茶山)의 하나이다. 경매(景邁)의 천년된 만묘(萬畝)의 다원(茶園)은 최근 세계에서 가장 잘 보존되고 최대면적의 인공재배형 차원(茶園)이며, 저명한 운남성 고차산(古茶山)의 하나이다. 또한 세계 문화의 근원지이며, 중국 차 문화 발전의 역사적 증거이다. 2012년 11월에 보이경매산 고차림(古茶林)으로 선정되었다. 경매고수차(景邁古樹茶)의 특징은 향기로 유명한데, 간차(干茶)는 난향 및 화향이 뚜렷하며, 입에 들어가자마자 떫은맛이 빨리 퍼지나 바로 단향으로 돌아온다. 경매고차원(景邁古茶園)의 차 대부분이 숲에서 자라기 때문에 수백 가지의 야생 약초와 공존하며, 각종 벌과 곤충들이 많아, 다양한 꽃가루를 옮겨 진귀한 약 성분을 포함하고 있는 경매차(景邁茶) 특유의 향기를 가지게 한다.

### 마안산 고차산(馬鞍山古茶山)

마안산 차는 마안산에서 생장한 백년 된 차나무에서 채취하여 살청하고 볶아 정성스럽게 만들어 외형이 긴밀하게 연결되어 있고, 양 끝이 소나무 잎같이 뾰족하게 생겼으며 잔털이 있다.

탕색은 맑고 투명하며, 향기가 청아하고 그윽하다. 그 중에서 백년 된 차나무를 심은 지역이 마안산에 귀속되었기 때문에, 이 산은 마안산촌과 수십 *km* 이어지고, 산간 계곡이 많아 운무가 휘감으니, 그 지역에서 생산된 차 잎을 마안산 차라고 칭하고 있다. 진강현 마안산(鎭康縣馬鞍山) 차는 진강현 마안산촌 주변 6개 자연촌 3,200묘의 백년 된 고차원(古茶園)에서 주로 생산되며, 마안산 구역은 모두 5,000여 묘이고, 복사방해촌(輻射幇海村), 회장촌(回掌村)등 우수한 차원(茶園)으로, 평균 해발 1,400m이고, 연평균 기온이 18℃이며, 연강수량이 1,560*mm*이고, 1913년에 쌍강맹고대엽종(双江勐庫大葉種) 차를 도입하여, 인공재배지역의 하나에 속하게 되었다.

### 망폐 고차산(忙肺古茶山)

망폐 대엽 종차원(忙肺大葉種茶園)은 영덕현 맹판향망폐촌(永德縣板鄕忙肺村)에 위치하며, 면적이 2,800묘이고, 그 중에서 수령(樹齡)이 80년 이상이 500여 묘이고, 100년에서 120년 된 것이 2,300여 묘이며, 간모차(干毛茶) 연 생산량이 130톤이다. 해발 1500m에서 1,800m, 연평균 강수량이 1,500mm, 기온이 18℃인 망패산(忙肺山)에 위치하고 있다.

차원(茶園) 주변은 삼림이 무성하고 생태가 양호하다. 2006년에 중록화하유기식품(中綠華夏有機食品)이 인정한 유기차원(有機茶園)이 962묘이다. 망패대엽종(忙肺大葉種) 차는 1980년경 성급차수종질자원보사조(省級茶樹種質資源普査組)의 전문가가 지은 명칭으로, 심사하고 결정한 우량차수군체품종(優良茶樹群体品種)이다. 품종의 특징은, 뻗어나간 가지가 조밀하고 잎은 짙은 녹색의 길쭉한 타원형으로 약 13cm의 길이에 너비가 약 6cm이다. 잎 면이 튀어나왔으며 잎 뒷면에는 잔털이 많다. 일아이엽차(一芽二葉茶)는 대략 폴리페놀 함량이 34%이며 카페인이 4.1%이고 침출물이 45%이다. 차 맛이 농후하고 독특한 풍미로 명성을 떨친다. 망패대엽종차(忙肺山大葉種茶)는 가공 제작한 홍차, 보이차, 녹차 등의 상급(上級) 원료가 된다.

### 석귀 고차산(昔歸古茶山)

운현에서 대조산을 거쳐 석귀에 도달하는 데는 편도 백 킬로, 세 시간 정도 소요된다. 이왕의 운현에서 임상구를 거쳐 방동향 석귀에 다다르는 노선에 비해서 적어도 60킬로미터의 노정 단축으로 한 시간 반의 시간을 절약하게 됐으니, 참으로 아침에 나가서 저녁에 들어갈 수 있게 된 것이로다!

차량이 고산 위에 위치한 방동향에 들어설 때 입구의 표지판엔 명확하게 아래로 18km를 내려가면 곧 목적지인 석귀라고 적혀있었다. 지나온 운남 고차산 중에서 석귀가 가장 독특하여 마을이 란창강변에 위치해 있으며, 망록산(芒麓山)이라 불리는 고차원은 해발이 겨우 900여 m에 달하는 거의 제일 낮은 곳이지만 차는 오히려 특출나게 좋다. 왕년에 석귀에 와서 차를 탐방할 때엔 아침 일찍 방동에서 석귀로 가는 길은 아무래도 란창강 수면 위의 물안개로 형성된 안개지대를 지나가야만 했다. 고산운무는 석귀 고수차의 최상의 향을 내는 양분을 공급해준다. 이건 석귀 차재배지의 독특하고 우월하달 수 있는 작은 기후 조건이 부여해준 바이다.

석귀는, 임상구방동향방동촌(臨翔區邦東鄉邦東村)에 속하고 촌위회(村委會)에서 16km 거리에 있으며, 해발 750m, 연평균기온이 21℃, 연강수량이 1,200mm이다. 석귀차원(昔歸茶園)은 방동촌고차구망록산(邦東村古茶區忙麓山)에 위치하고 있으며, 면적이 335묘에 달하고, 모차(毛茶)의 연 생산량이 11톤이고, 생산액이 1,220萬元에 달한다. 삼림 중에 섞여서 자라고 고차수의 연령은 약 200년 정도 되었으며 비교적 큰 차나무의 둘레가 60~110cm이다. 임창시질량기술감독국(臨滄市質量技術監督局) 차잎산품질량검측중심(茶葉產品質量檢測)에 의하면, 차 안에는 폴리페놀 32.5%, 카페인 2.88%, 침출물 45.0%,

유리 아미노산 총량 4.11% 등이 균일하게 풍부하다고 측정하였다. 석귀차순화(昔歸茶馴化)의 대엽차(大葉茶)는 전국 대엽중에서 우수한 품질의 하나라고 열거된다. 석귀차(昔歸茶)는 이미 운남의 삼대 명산차 중의 하나로 발전하였다. 석귀단차(昔歸團茶)(속칭 人頭茶)의 제작공예는 이미 "성급(省級)무형문화유산"으로 지정되었다.

### 하개 고차산(賀開古茶山)

하개는 맹혼진경내(勐混鎭境內)에 위치한 전형적인 원림급(園林級) 고차수림구(古茶樹林區)이며 '국가공원'이다. 수수한 납호족의 촌락이 들쑥날쑥하게 산림 가운데 분포하고 있으며, 더욱이 이 차원(茶園)은 동화 같은 색채를 가지고 있다. 새벽의 하개차원(賀開茶園)은 얇은 안개가 가볍게 깔려 있으며 햇살이 차나무를 촘촘이 관통하며 수풀 사이로 투사하여, 마치 영화의 한 장면 같은 몽환적인 세계라 하겠다.

하개고차는 만룡신채(曼弄新寨), 방분노채(邦盆老寨), 만매(曼邁), 만닙(曼囡)등 납호족(拉祜族) 마을에 주로 분포하고 있다. 면적이 만여 묘인데, 서쌍판납주(西双版納州) 경내(境內)에 연편면적(連片面積)이 크고 관상(觀賞) 가치가 높은 고차원(古茶園)이다.

만롱신채(曼弄新寨)는 하개 고차산(古茶山) 중에서 가장 대표적인 차림촌(茶林村)으로, 차나무는 마을 안에 있고 마을은 차나무 가운데 있는 독특한 경치를 형성하고 있다. 하개의 고차 품질은 포랑산과 연관되어 있다.


### 남나산 고차산(南糯山古茶山)

남나산(南糯山)은 태족어로 된 지명으로, "남(南)"은 물이고, "나(糯)"는 죽순인데, 합니족 거주지이다. 해발 1,400m의 남나산(南糯山)은 산이 높고 계곡이 깊으며 산림이 무성하고 연중 대부분 운무가 뒤덮여 있는 신비한 곳이다. 전체 연강수량이 1,500~1,750mm이고, 연평균 기온은 16~18℃이다. 상대습도는 80%이상이고, 연무일(年霧日)은 120여 일이며, 전형적인 남아시아 열대기후에 속한다. 남나산(南糯山)은 적당한 대엽(大葉)과 차나무가 생장하기에 가장 좋은 생태환경을 가지고 있으며, 운무가 끼는 날이 많아서, 차산은 항상 운무로 뒤덮여 있다. 생산된 차 잎의 품질이 아주 우수하여, 향기가 좋고, 쓴 맛이 연하며, 단 맛이 강한 특징을 가지고 있다.

명차 '남나백호(南糯白毫)'의 원료가 바로 여기 서남에서 생산된 것으로, 많은 고차산(古茶山) 중에서도 소중한 곳이라고 할 수 있다.

남나산(南糯山) 선조들은 삼국시기에 이미 1,700여 년이 되었다고 전한다. 고차수(古茶樹) 면적은 1.2만 묘이고, 비탈의 중간에 위치한 마을에 주로 분포하고 있으며, 차나무는 대개 200년에서 500년 정도 되었다. 고차구내(古茶區內)에 800여년 된 재배형 고차수(古茶樹)가 생장하고 있으며, 남나산(南糯山) 선조들의 차재배 및 이용의 유구한 역사를 보여주고 있다.


### 의방 고차산(倚邦古茶山)

의방고차산(倚邦古茶山) 총면적은 360평방km이고 다민족이 모여 거주하는 고산구(高山區)이다. 청조(淸朝) 초기 이전의 긴 세월 동안, 차 문화 역사상 중요한 역할을 했으며, 청나라 궁전에서 사용한 차는 의방차를 원료로 하였다. 의방(倚邦)은 유락(攸樂), 가포(架布), 습공(習空), 망기(莽技), 만전(蠻磚), 혁등(革登)등 6개의 큰 차산(茶山)을 관리하고 있는데, 보이차 계통의 생산지이며 집산가공지이다. 의방은 가장 융성했던 건륭(乾隆)연간에, 의방차산의 인구가 구만(九萬)에 달하였다.

의방의 차 잎으로 만든 만송차(曼松茶)의 맛이 좋았다고 한다. 청나라 때 차산의 관리와 공차(貢茶)의 운송을 위하여, 도광(道光) 25년

(公元 1845년)에 곤명(昆明)에서 사모(思茅)를 거쳐 차산(倚邦易武)의 높고 가파른 산봉우리에 석판으로 끼워 넣어 만든 운차마도(運茶馬道)를 건설하였는데, 넓이가 2m, 길이가 수 백 km에 이른다. 잔존한 석판의 마모 현황으로 미루어, 당시의 길을 만드는데 든 노고와 차 잎 운송의 번화한 정경을 짐작할 수 있다. 발전된 차 잎 생산과 교통의 편리함으로, 의방(倚邦)은 곧 시내와 변두리가 왕래할 수 있는 정치 경제의 중심지가 되었다. 현재의 의방차산은 의방촌위회(倚邦村委會) 14개 마을과 만장촌위회만송(曼庄村委會曼松), 배양산(背陽山), 석공로채(錫空老寨), 가포로채(架布老寨)를 포함한다.

역무 고차산(易武古茶山)

역무차산지가 지금은 맹석현역무향(勐腊縣易武鄕)에 있는데, 역사적인 만살차산(慢撒茶山)을 포함하여 면적이 750평방km이며, 육대 고차산에서 차 재배 면적을 많이 차지하고 차 잎 생산량도 많은 편이다. 청나라 초기에 변두리로 이민정책을 실행하였는데, 운남석병 등지(雲南石屛等地)는 한족과 기타 민족이 끊임없이 역무(易武)나 만살(慢撒) 등지에 거주하였으며, 황무지를 개간하여 차 씨앗을 뿌리고, 차 상점과 찻집을 설립하였다. 역무차(易武茶) 산업은 이때부터 흥기

하여 육대고차산의 뒤를 잇는 신흥강자가 되었다. 도광년(道光年)후 역무차호(易武茶號)와 상호(商號)가 크게 증가하여 함풍(咸豊)시기에 이르러 육대고차산의 차 잎 가공과 무역의 중심이 역무(易武)로 차 츰 이전되었다. 차 잎은 주로 동남아시아와 홍콩 등지에 판매하였 다. 20세기 3, 4년대에 이르러 의방(倚邦)이 쇠락함에 따라, 역무(易 武)는 진월현(鎭越縣)의 현 소재지가 되었다. 또한 육대고차산의 무 역 중심이 되었으며, 육대고차산의 명산이자 전장차마고도(滇藏茶馬 古道)의 기점이 되었다. 지금의 역무차산(易武茶山)은 9.8만여 묘가 있 으며, 그 중에서도 고차원(古茶園)이 7.8만 묘이다.

## 신 육대차산 맹해(勐海, 멍하이)

맹해(勐海, 멍하이) 지역은 새롭게 떠오른 신육대차산(新六大茶山)이 다. 신 육대차산지인 맹해 지역에는 포랑, 남나, 맹송, 파달, 경매, 남 교 등의 차산이 있다. 반면에 고육대차산(古六大茶山)은 보이차의 고 향 격인 이무(易武, 이우) 지역의 차산으로서 이무, 만전, 혁등. 의방, 망지, 유락 등의 차산이 분포한다. 이무차산은 옛 황제에게 진상하 던 공차를 만든 고 육대차산으로, 란찬강 뱃길과 육로 마차길이 오 래 전부터 통하여 푸얼로의 차 전달이 어렵지는 않았다. 그렇지만 맹해 쪽 지역은 산세가 너무 험하고 길 또한 좋지 않아 수송이 어려 웠던 것이다. 차마고도의 유통이 쉽지 않아 맹해 지역의 차산이 덜 유명했다는 설도 있다. 그런 만큼 신 육대차산은 고 육대차산 보다 는 훼손이 덜 되어있고 차나무의 건강 상태도 좀더 낫다고 생각된 다. 이무의 차에서 부드러운 맛을, 맹해의 차에서는 강한 차기와 맛 을 느낄 수 있었다. 내가 일반 차인들처럼 매년 여기저기 다니며 모 차를 수집하면서도, 맹해 지역을 자주 찾게 되는 이유에도 해당된 다. 그러다보니 이곳 토착민으로서 집안 대대로 차와 더불어 살아 온 친구들을 만나는 행운도 따랐다.

그 중 한 친구인 운후씨의 집안 차를 대접받을 기회가 있었는데, 뛰어난 제다 실력을 느낄 수 있었던 것은 물론, 차에 담긴 그 집안 의 손맛에 반했던 적이 있다.

아무리 같은 한 지역의 차라고 해도 지역의 특성과 집집마다 차 만드는 실력이 다 달라 차 맛에 차이가 날 수 있는 것이다.


유락산(攸乐山)

징홍에서 가장 가까운 차산이다. 고 육대차산 중 하나이기도 하 다. 이 곳은 지뉘족의 마을이다. 지뉘족은 56개 소수민족 중에 인구

수가 가장 적은 민족이다. 그들은 제갈공명의 후예라고 한다.

그들은 공명산이라 칭하는 멋진 산을 중심으로 마을을 이루고 모여 산다. 공명산 길을 지나다 보면 야생 코끼리의 흔적을 자주 본다. 실제로 피해를 본 사례도 많이 들린다. 그중 야노(亞诺)다원에 고차수가 있지만 다른 지역 보다 차나무가 크기나 모양이 실하지는 않다. 사실 그 이유가 궁금했었다. 우선 해발이 높지 않다 1,300m 정도나 될지. 게다가 돌이 많은 유락산의 토양이 문제일 것이다.

산을 오르며 길을 내기 위해 주위의 파헤쳐 진 산을 보면 크고 작은 돌덩이들이 많이도 보인다.

붉은 토양에 돌덩이가 많다 보니 뿌리가 제대로 내리지 못해 수백년 고차수라도 큰 덩치로 자라지 못하는 것 같다.

유락산은 징홍에서 가까와 도시로 내려와 차관이나 일반 가게에서 일을 하는 친구들이 많아 만날 기회가 자주 있다.

지뉘족은 전사의 후예라고 한다. 제갈공명과 남쪽 정벌 전쟁에 참여 했던 군사들 중 일부가 돌아가지 않고 이곳에서 정착하며 차 농사를 짓고 살았다는 설이 있다. 유락산은 접근성이 용이하여 그들에게 자주 초대를 받는다. 어느 때는 산에서 야생멧돼지를 잡았으니 올라오라고 성화다. 그들의 개미 알 볶음, 왕벌 애벌레 등 야생 식단이 특이하다. 비록 처음 보는 맛인데도 거부감 없이 맛있게 먹었다. 차 맛은 어떠할까? 사실 차 맛은 이 친구집의 제다 기술이 문제인지 잡맛이 느껴지며 첫차의 상큼함이 느껴지지 않았다. 한마디로 좀 실망스럽긴 하지만 그건 내가 워낙 강한 기운의 차를 좋아하기 때문일 것이다. 갓 수확한 차 맛은 부드럽긴 하지만 화향이 약하고 차의 기운은 더 약하지만, 10년 보관했다고 맛 보여주는 차에서는 제법 괜찮은 차 품을 가지고 있다. 후발효가 진행되며 차 맛이 올라 온다고나 해야할까…… 전통적 방법으로 제다가 잘 이루어진 차라면 당장 좋은 맛을 내지 못해도 잘 보관하며 세월이 지나 묵은 맛을 보는 것도 방법이겠구나 생각한다.


### 허카이(贺开)

허카이는 맹해에서 부랑산 쪽으로 멍훈을 지나 반장산 방향으로 오르면 만날 수 있는 라후족 마을이다. 해발 1,600m 정도의 허카이 다원은 한마디로 아름다운 전원 풍경이다. 다른 차산지의 가파름 경사에 비해 허카이 다원은 가파르지 않은 언덕이 평온해 보이기까지 한다. 오륙백년은 족히 되어 보이는 정원수 같은 고차수가 자리하고 가끔 돼지와 황소들이 차나무 밑을 돌아다니며 풀을 뜯는다.

아마도 제초작업을 소들이 하는 것 같다. 나무들의 간격도 넉넉

해 보여 다원 자체로도 환경이 안정감을 준다. 허카이차는 부드럽고 향이 좋다. 마치 다원 풍경을 닮은 듯 평온한 차맛이다. 지금은 길도 넓히고 접근이 용이하지만 7.8년 전 까지만 해도 다른 차산지처럼 길이 험해 비라도 오면 마을에 접근하는 것이 힘들었었다.

오래 전 허카이의 친구가 산신팡(우리나라의 집들이 풍습)을 한다고 초대를 했었다.

유난히 손이 거친 친구의 부인은 술을 참 좋아한다. 거나하게 취한 듯한 그녀는 취기에 노래 한 소절 불러댄다. 내게 한국 노래 한 번 듣자고 강요하기에 눈감고 아리랑을 불러주었다. 처음 듣는 아리랑을 흥얼거리며 비슷하게 따라 부른다. 고산족들은 한이 많은 가난한 민족들이다. 지금은 모차 가격을 제법 받기에 형편이 나아졌지만 말이다.

그들의 언어가 우리 한국어랑 비슷한 말이 많다며 자꾸 한국말을 시키며 따라 하고 웃으며 외지인을 반겨주던 정 많던 그들의 모습은 행복한 추억이었다.

허카이도 부랑산 끝자락에 위치해 좀 더 올라가면 유명한 반장(班章)촌이 나온다. 하지만 허카이 차는 반장차와 많은 차이가 있다. 그 중 하나가 차의 기운이다. 아마도 경사가 완만한 대지의 환경이 차나무가 자라기에 기운이 덜한 것이 아닐까 생각한다.

허카이 봄 고수차에서는 은은한 난향이 올라온다. 차 기운도 그리 부족하지 않다. 그 차향은 강하지 않지만 봄 다원의 풍성한 풍경을 닮았다. 그렇다고 허카이의 모든 다원이 원만한 언덕을 이루는 건 아니다. 더 깊숙히 안에 있던 마을의 차나무는 경사가 가파른 지역이다. 참으로 많이 다녀 봐도 모를 일이 그 지역의 환경과 그 차 맛인 것을…

멍송(勐宋)

지금은 징훙에서 1시간 반이면 다멍롱 다이족 현에 도착하지만 10년 전만 해도 비만 내리면 길 위의 웅덩이로 차가 지나가지 못하고 어렵게 달려가도 서너 시간은 족히 걸렸다. 다멍롱에서 미얀마 국경에 도달하기 전에 오른쪽의 가장 높이 보이는 산으로 두 시간 정도 다시 올라가야 사람이 살 것 같지도 않은 마을 멍송에 도착한다.

멍송은 해발 1,800m 이상의 미얀마 국경 마을이다.

아이니족이 모여 살며 여러 마을이 멍송산 둘레에 구성된다. 채엽 시기에는 인건비 저렴한 건너편 미얀마 마을에서 일손을 도우러 넘어온다. 새벽 마을 거리를 나와 산책을 하다보면 미얀마의 소수

민족, 하지만 그들도 아이니족이라 한다. 그들이 산을 넘어와 자기 나라처럼 거리를 다니는 광경을 자주 본다. 멍송은 변방차로 구분해야 한다. 바로 미얀마와 국경을 같이 하고 있어 내가 서있는 차밭이 중국인지 미얀마인지 의심스러울 정도이다. 사실이 그쪽 미얀마 사람들이 멍송으로 산을 넘어와 장을 보기도 한다.

해발이 높은 국경 마을 멍송에서는 주변이 거의 고수차이다.

차맛은 쓴맛이 강하여 실력있는 제다가 필요하다. 제다 기술이 좋다고 원래의 쓴맛이 변하는 건 아니지만 제다 기술로 맛난 차를 만들 수 있다. 수령 5,6백년은 족히 되어 보이는 고차수 다원을 마을 만 조금 벗어나도 산책길에서 흔히 볼 수 있다. 이 지역은 자주 방문했기에 친구들도 제법 있는 곳이다. 조씨 성을 가진 친구가 이 곳에서 군생활을 하다가 지금의 아이니족 처녀를 만나 이곳에 자리 잡고 작은 상점을 하며 차 농사를 짓는다. 그 친구와 미얀마 국경을 넘어 차산지를 방문해 보았다.

5, 6백년은 충분히 되어 보이는 고차수가 띄엄띄엄 자라는 멋진 다원에 이미 중국 차 회사가 들어왔다.

미얀마 차 농들의 제다 기술과 환경이 안좋아 훈연이 강한 차를 만드는데 훈연이 강한 이유는 그들의 주거 환경 때문이다. 차를 덖는 솥도 작은 크기고 집안에서 생활할 때 사용하는 모닥불에 솥을

올리고 실내에서 차를 덖는다. 그러니 당연히 차에서는 탄내도 나고 연기 맛도 나는 저질의 차를 만들어 제값도 못 받는 것이다. 이런 환경에서는 아무리 훌륭한 고차수가 있어도 질 좋은 차를 못 만드는 것이다. 이 현실을 미리 알고 이 회사가 들어와 좋은 차를 만들어 몇 배 높은 가격으로 중국에 판매를 한단다. 물론 제다 기술자도 중국에서 들어왔단다. 그 만큼 제다 과정이 중요한 것이다. 자연환경이 다른 지역보다 더 훌륭하다 할 수 있고 차의 기운도 강하다. 따라서 이곳의 차는 본연의 쓴맛을 어떻게 병배하느냐에 따라 훌륭한 차로 만들어질 수 있음이리라.

요즘 젊은 주인장들은 시들리기나 살청 과정을 조정하여 그리 쓰지 않게 만들기도 한다. 하지만 편법을 쓴 모차는 보관에 문제가 생길 수 있기에 신중해야 한다.

역시 전통적인 방법이 최고의 보이차를 만들지 않겠는가 생각한다.


락카(那卡)

시쌍반나에서 제일 높은 해발 2,400m 산 주변의 험한 산을 넘어 라후족 마을이다.

10여년 전 락카를 찾았을 때 가장 고생했던 기억은 옆으로는 바로 낭떠러지의 절벽인데다 좁고 험난한 비포장 길을 넘어 가며 공포감에 긴장했던 기억이 난다. 먼 길을 달려 도착한 라카는 산 경사지에 있는 조용한 마을이었다. 마을에서 먼 산이 보이고 밭차와 고수차가 같이 눈에 들어온다. 지인과 함께 방문했던 그 집에서 식사 대접을 한다며 닭을 잡았는데 외지인 방문이 흔치 않은데다 집에 그릇이 없어 세수 대야에 음식을 덜어 내놓는다. 비위가 약했던 내가 시쌍반나의 차산을 다니며 무척 힘들었던 기억으로 남는다. 식사 후에 찾은 고차수 다원은 제초작업이 잘 되어 있었다. 순간 제초제를 사용하지 않을까 의심이 들었다. 농약 문제를 거론했다. 주인장의 대답은 경사가 너무 가팔라서 서서 약뿌리기도 힘들고 천천히 풀을 베며 내려오는 작업이 더 쉽다고 한다. 사실 그 말이 맞는지 아닌지 알 수 없다. 산을 오르기도 힘든 경사에 나무들은 용하리만큼 가파른 곳에서 수백년을 자라오고 있다. 그 분들 말로는 700년 전후 된 고차수라 한다. 그래서인지 차 맛에서 힘찬 기운이 느껴진다. 차나무는 대부분 밑에서부터 큰 한 기둥으로 뻗어 오르지만 그리 키는 크지 않다.

처음 라카차를 산마을에서 우려내어 놓는데 머그컵 만한 쇠컵 속에 모차 한 웅큼 넣고는 뜨거운 물을 부어주며 마시라고 한다.

사실 산에서는 그렇게 해서 차를 많이들 마신다. 지금에서야 차도 구를 집집 마다 갖추고 제대로 차를 마시지만 말이다.

은은한 차향이 기운을 받쳐주니 차 맛이 괜찮았던 기억이 난다.

지금도 라카차는 반장차 다음으로 대접을 받는다고 생각한다.


## 징구(景谷) 전위엔(镇沅)과 민러(民乐)

징홍에서 푸얼을 지나 몇 시간을 달리면 옆으로 계곡이 흐르는 길을 따라 진구에 도착한다. 진구에서 다시 큰 산을 넘어 가면 한족들이 모여 사는 민러라는 마을이 나온다.

대백차라는 소문을 듣고 먼길을 찾아왔다. 이곳은 평범한 시골 한족 농업 마을인데 여느 차산 마을 처럼 산 언덕에는 밭차가 가득하다. 백차와 홍차를 주로 만든다.

심심하지만 상큼함도 있는 백차는 워낙 가격이 저렴하여 일반 평민들이 음료로 마시는 차이기도 하다. 처음 10여년 전 이곳에서 차밭을 보았을 때도 대수롭지 않게 농약을 뿌리는 모습이 충격이긴 하였다. 10년이 지난 지금도 밭차에는 농도가 약하지만 농약을 주고 있는 것이 현실이다.

민러에서 다시 길을 돌려 징구로 나와 전위엔으로 향한다. 전위

엔은 야생 고차수로 유명했던 천가채에서 그리 멀지 않다.

야생 고차수도 많고 다원 고수차나무도 훌륭하다는 친구의 정보를 듣고 마침 고향에 내려와 있는 한족인 소전(小全)을 찾아 그 집으로 왔다. 출산 후 아이를 부모님께 맞기려 잠시 내려와 있다고 한다. 두 부부가 징훙에서 일을 하기에 아이를 어른에게 맡기려 한단다. 그 친구 집을 방문하기 위해서이다.

그 친구와 함께 험한 산길을 올라 차나무를 찾았다. 씨름선수 허벅지 만큼 굵직한 가지가 구불구불하니 멋진 모습의 고차수들이다. 방문했을 당시의 다음 해 부터 광동의 차회사에 그 근처 차나무들이 모두 계약에 들어 갔다 한다. 사실 난 큰 관심은 없었다. 나무는 멋지지만 차 맛은 그리 만족스럽지 않았기 때문이다.

첫 단맛과 향은 좋았지만 입안에서 금세 사라져 버리고 만다. 차의 기운도 그렇게 느껴지지 않았다. 그 친구도 징훙에서 차 사업을 하지만 자기 차나무에서 채엽한 최고 수준의 고급 모차 말고는 숙차나 홍차를 만든다고 한다. 그래서인지 숙차는 맛이 제법 괜찮은 편이었다. 모차 가격이 시쌍반나에 비해 저렴하여 이곳 고수차 숙차를 만들기에 적당하다. 그 친구가 떠나기 전 고급 모차를 한 봉투에 담아 주며 집에 가서 마시라고 한다. 전위엔의 차는 입안에서 머무는 동안 짧게 느껴지는 향이었지만 화향이 참 좋았던 기억이 난다.

## 거랑허와 파샤(格朗和.帕沙)

거랑허는 징홍에서 출발 맹해에서 남쪽으로 산을 넘어 간다.

아이니족과 다이족이 사는 마을이며 거랑허 주변에는 키 작은 소수차가 많이 있다.

7년 전 내가 방문했을 당시 예전 밭차에서 요즘은 생태형으로 많이 차나무를 키운다. 지인의 차밭에 가보았다. 새로운 품종이라는 흑차란다. 찻잎이 어둡고 두터운 것 같다. 30년 전 개량 품종을 심어 차 수확을 하는데 일반 밭차 보다 수입이 조금 좋다고 한다. 차 맛은 일반 품종과 큰 차이를 모르겠지만 모차의 색이 분명 검은색을 띤다. 그래서 흑차라 한다. 자주색이 나는 자연차랑은 다른 품종이다. 거랑허는 맹해에서 가까이 있지만 좋은 차로 인정을 못 받는 편이다. 그것은 물론 차 맛으로 입증 되는 것이 아닌가.

소수차가 주종을 이루니 시음을 해보았다. 한 마디로 잡맛이 강하다. 향도 없고 밋밋한 맛이 일반 식당에서 흔히 내어주는 주전자의 차 맛 수준이었다. 그들도 그 부분은 인정한단다. 그래도 예전의 관목형 제배차에서 지금은 생태형으로 바꿔 가며 농약도 주지 않는다고 하니 후세에게는 더 품질 좋은 차나무를 선물할 수 있을 것이다.

거랑허 중간의 커다란 호수를 지나 파샤로 향한다. 굽이굽이 험한 길을 차가 힘들게 오른다. 큰 차는 다닐 수 없는 좁은 도로 가파르기까지 한 그 길을 한 시간 남짓 오르니 산기슭에 마을이 보인다.

해발 1,600m인 이 곳은 거랑허의 밭차 보다는 소교목 고차수로 제법 알려진 곳이다. 마을에 천년 차왕수가 버티고 있는데 마을의 수호신 처럼 주위 환경과 조화를 이룬다.

아이니족 마을이다. 친구 유꺼(六哥)집에 도착하니 마을 젊은이들이 모여 미지근한 맥주병을 앞에 놓고 담소를 나눈다.

마침 차 시즌이 마무리 되어 가는 계절이라 좀 한가한 편이었다. 파샤 방문이 처음인 나에게 고수차를 우려 주는데 힘든 여정에 지친 탓인지 꽃 향과 부드러움에 목 넘김이 좋았다. 찻잔을 뒤로 하고 고차수 다원으로 이동했다. 튼실해 보이지만 좁은 공간의 나무 배열이 답답해 보인다.

새순을 따서 씹어 보니 상쾌한 산딸기 향이 올라온다.

4.5백년은 족히 되어 보이는 소엽 중엽 차나무들이 멋지지만 나무와 나무 사이가 너무 촘촘해 땅의 영양을 충분히 받기에는 부족하지 않을까 하는 생각이 든다. 나무들의 간격이 좁다면 당연히 땅의 영양을 충분히 흡수하지 못한 땅의 기운인 차기도 좀 부족할 것이고 힘없는 나무들은 고사 할 것이다. 그날은 마당에 텐트를 폈다. 차 시즌이 끝나가는 무렵의 채엽된 찻잎을 덖는다.

오월 초라 첫봄 차 보단 잎이 거칠다.

두 번째 올라 오는 잎을 채엽하고 거의 마지막 작업이라 한다. 육거가 팔을 걷고 차를 덖는다. 난 그 옆에서 향긋한 차 덖는 냄새에 취해 버린다. 살청을 끝낸 차를 그의 동생이 유념을 한다. 대나무 넓은 광주리에 열심히 비벼대니 그 또한 차의 싱그러운 향이 올라온다. 작업을 마치고 우리는 마당에 둘러 앉아 그들이 내린 60도 옥수수 술을 마신다. 모닥불에 돼지고기를 굽고 그의 아내는 뭔가를 볶아대고 있다. 차 산지에 올라 즐기는 가장 신나는 시간이다. 우리는 차 이야기이며 사는 이야기이며 장가 못간 동생들은 아가씨 이야기에 한껏 흥이나 밤을 맞는다. 잠시 일어나 불빛 없는 곳으로 간다. 쏟아지는 별빛을 보고 싶어서이다. 은하수도 선명하게 보이는 밤하늘을 바라보며 이곳 친구들께 그리고 봄 내 고생한 차농들께 다시 감사하는 마음을 가져본다.

# 인간의 욕망으로 고사되어가는 고차수

　고차수란 300년 이상 된 차나무를 고차수라 한다. 차밭의 고차수가 대부분이지만 밀림 속이나 야생의 차나무들도 있다. 큰 나무들은 2~3천년 자란 나무도 있다. 고차수 지역을 수 없이 가 보았지만 건강한 고차수 다원을 보기란 어렵다.

　다수의 고차수들이 가지가 말라 비뚤어지고 잎도 제대로 피우지를 못한다. 차 나무들이 불쌍하다. 어느 고차수 차밭이든 돈이 되다 보니 매년 차싹이 올라오기가 무섭게 모조리 잎을 딴다. 그러다 보니 나무가 점차 세력을 잃고 고사되어가고 있는 것이다. 곳곳에 죽어서 베어낸 차나무며 살아 있는 나무도 고사되기 직전이 많다. 봄에만 따면 될 것을 여름에도 따고 가을에도 딴다. 돈이 되기 때문이다. 하기야 돈이 많이 들어가니 그러지 않을 수가 없다. 자녀들 외지 유학 보내야지, 자가용 차 사고 집 새로 지어야지, 그 다음은 시내에 점포를 낸다. 고차수가 죽어가도 돈이 더 중요한 시기다. 세력을 잃은 차나무는 회복이 어렵다.

이런 차나무의 차 맛은  갈수록 질이 떨어진다. 2011년부터 휘몰아쳤던 고차수의 그 찬란한 명성도 10년 반짝하고 말 것인가. 갈수록 고차수의 풍요로운 맛과 짙고 매혹적인 향·기운과 질이 떨어진다. 원시림 야생차 한 이파리 얻어 차 한잔에 세상사 부질없음 달래고 차 한잔에 만 천 가지 번뇌망상 잠재운다.

질문과 답변

## 1. 보이차의 정의는 어떻게 됩니까?

답: 운남에서 자라는 대엽종의 찻잎을 원료로 살청, 유념, 쇄
청건조시킨 모차와 긴압한 생차와 악퇴 발효시킨 숙차를 말
한다. 2008년 6월 보이차의 국가 표준(중화인민공화국 국가 표준)
으로 정의되었다. 그 내용은 다음과 같다.

'보이차는 공식적으로 보호구역 내의 운남대엽종 쇄청모차(운
남대엽종 차나무의 생엽을 햇볕에 건조해 만든 차. 즉 녹차에 속함)를 원료
로 지리표시 보호구역 내에서 특정한 가공 방법에 따라 만들
어진 독특한 품질 특성을 지닌 차이다. 가공 공정과 품질 특
징에 따라 보이차는 생차와 숙차 두 유형으로 분류한다.'

## 2. 보이차에서 생차와 숙차는 어떻게 다릅니까?

답) 보이차는 운남 대엽종 차나무의 찻잎을 원료로 보이차 제
다 과정에서 채엽, 살청, 유념, 쇄청건조시킨 모차나 그것을
긴압한 차를 생차라 하며, 앞의 모차를 속성으로 악퇴, 긴압
한 차를 숙병이라 한다. 보이 생차를 만들 때 1차로 찻잎을
채엽한 후 가열처리하여 산화효소를 실활(失活)시키는 공정이

중요하다. 학술적으로 산화효소를 실활시키는 공정을 살청(殺靑)이라고 한다. 그런데 이 과정은 비발효차인 녹차와 같다. 때문에 쇄청모차가 곧 녹차라는 논쟁도 있다. 그러나 녹차와 제조 과정이 같다고 하여 보이차를 녹차와 같은 차라고 할 수는 없다.

## 3. 교목과 관목의 차이?

답) 하늘 높이 크게 자란 나무를 교목이라 하고, 차나무 수령이 300년 이상된 차나무를 고차수라고 한다. 일반적으로 10m 이상으로 크게 자란 나무를 뜻한다. 관목은 3m 이하로 자라는 키가 낮은 나무를 일컫는다. 계단식으로 빽빽하게 심고 가지치기를 하는 차나무들을 말한다. 교목과 관목의 중간쯤 되는 크기의 차나무들은 반교목이라고 한다.

## 4. 고수차와 소수차는 어떻게 다릅니까?

답) 일반적으로 차나무 수령이 소수차는 100년 이하, 대수차는 100~300년, 고수차는 300년 이상을 말한다.

차나무의 수령으로 구분해 보면 다음과 같다. 차왕수차(茶王樹茶 1000), 고수차(古樹茶 300), 대수차(大樹茶 100), 노수차(老樹茶 70), 생태차(生態茶 50), 소수차(小樹茶30), 대지차(台地茶 20), 교목차(喬木茶), 관목차(灌木茶), 밭차, 재배차, 야방차(野放茶) 유기농차, 국유림차, 야생차, 고간차(高幹茶), 왜화차(矮化茶) 등 현재 각 지역 차 산에서 차나무를 구분하는 방식이다. 돌이켜보면 옛날엔 고수차 소수차의 개념조차 없었을 것이다. 지금처럼 생산성을 높이기 위한 개량종 차나무도 없었고, 비료나 농약은 나오지도 않았을 것이다.

### 5. 차왕수(차수왕)는 어떤 차를 말합니까?

답) 십 년 전만 해도 차왕수라고 하면 운남에서 제일 큰 차나무를 가리켰는데, 요즘은 각 지역 산지별로 가장 오래되고 큰 나무를 차왕수라 부르고 있다. 그러므로 차왕수는 그 지역에서 가장 오래된 나무를 말한다. 노반장 마을에서 가장 수령이 많은 것이 800년이다. 그래서 실제 그 차가 차왕수다. 지금은 고사되었지만 파달산에서는 1,700년 된 차가 차왕수였다.

## 6. 운남의 5대 차산지는 어떻게 구분되는가

답) 운남 지역은 중국의 서남부에 위치, 동경 97°39′~106° 12′, 북위 21°09′~29°15′에 자리하며, 북회귀선이 남쪽의 낮은 위도 지역을 관통하고 있다. 운남은 차나무 생장에 가장 적합한 생태조건(충분한 열량, 강렬한 일조량, 고온다습, 풍부한 강우량, 산성에 치우친 토양)을 구비하고 있어서, 차나무가 생장하는 데 양호한 생태환경을 제공한다.

운남은 오대 차산지로 구획돼 있다.

- 전서 차산지: 임창(臨滄), 보산(保山), 덕굉(德宏) 등 운남 주산지 구역
- 전남 차산지: 보이(普洱), 서쌍판납(西雙版納), 홍하(紅河), 문산(文山) 등 보이차 원산지
- 전중 차산지: 곤명(昆明), 대리(大理), 초웅(楚雄), 옥계(玉溪), 하관(下關) 등 운남 타차(沱茶)의 주산지.
- 전동북 차산지: 소통(昭通), 곡정(曲靖) 등
- 전서북 차산지: 여강(麗江), 노강(怒江), 적경(迪慶) 등 기후와 지리 조건의 제약으로 인해 아직 차산지를 형성하지 못한 곳으로, 성(省) 전체면적의 0.32%를 차지한다.

생산량은 0.99%를 점유하고 있다. 보이차는 운남성 특유의 국가지리표지 제품으로 국가품질검사총국의 규정에 다음과 같이 정한다. 운남성 지리표지보호범위내의 보이차산지는 운남성 서남변경, 란창강 야안, 미얀마와 라오스 등의 국가와 연접한 11개 주(시), 75개 현(시,구), 639개 향(진, 가도 사무처)의 현재 관활 행정구역이다.

## 7. 운남의 6대 차산(六大茶山)

- 고육대차산: 유락(攸樂), 만전(蠻磚), 혁등(革登), 망지(莽枝), 의방(倚邦), 만살(曼撒).
- 신육대차산: 남나(南糯), 남교(南嶠), 맹송(勐宋), 포랑(布朗), 파달(巴達), 경매(景邁).

## 8. 보이차에서 대엽종은 어떤 특징이 있습니까?

답) 운남성 차나무에서 대엽 품종의 총칭으로, 맹고 대엽종(이명 대흑차) 봉경 대엽종, 맹해 대엽종 등이 포함하여. 운남성 서남부와 남부 란창강 유역, 쌍강, 란창, 맹해, 봉경, 창저, 운현,

보산, 원강 등에서 볼 수 있다. 일 년에 대여섯 차례 발아하는데, 연간 생장 주기가 삼백일 이상 되며 채집 기간은 2월 하순부터 11월 중순까지이다. 운남 대엽종은 교목형으로 수관(樹冠)이 크다. 차나무의 엽육(葉肉)이 두텁고, 발아 시기가 빠르며, 백호가 많은 편이다. 줄기는 거칠고 마디 사이가 긴 특징이 있다. 엽면이 최대인 것은 26.0×10.5cm , 엽형 장타원형, 타원 혹 근도 피침형 등이 있다. 참고로, 운남성 대부분의 차나무는 대엽종과 중엽종이지만, 경매산 차나무와 백앵산 본산 차는 최근에 개발되는 홍허 지역의 차들도 중엽종과 소엽종이 혼재 되어있다. 특히 묘이차 종류는 소엽종이다.

9. 보이차를 마실 때 차의 양은 어떻게 정합니까?

답) 보이차의 품질과 개인적 기호에 따라 차이가 있으나 보통 1명 기준으로 2g 정도가 적당하겠다. 생차를 5명이 마실 땐 2g×5명=10g보다는 적게 8g을 사용하는 것이 좋을 때가 있다. 반면에 30년 이상 잘 익은 보이차는 오히려 10g 이상인 12g, 15g을 넣고 마셔도 차의 깊은 맛을 잘 느낄 수 있다. 보이차의 종류와 함께 마시는 사람의 취향에 따라 다를 수 있다.

답) 진압된 덩어리차를 해체시키는 것을 해괴라고 한다. 병차나 긴압차를 보이차 칼이나 송곳으로 조금씩 떼어도 좋지만, 한번 해괴할 때 전체를 다 해괴해 두고 사용하면 더 좋다. 우선 원반의 같은 모양으로 두 조각을 내고(원반이 두 개가 됨) 다음 그것을 여러 조각으로 적당히 나눈다. 주의할 점은 가급적 찻잎이 덜 파손되게 하는 것이 좋다. 보이차는 제조 과정에 병배라는 블렌딩 과정이 있으므로, 차 덩어리의 표면과 속의 찻잎 등급이 다른 경우도 있다. 마실 차를 뜰 때는 여유 있게 뜰어서 고루 섞어서 우리면 한층 맛을 좋게 할 수 있다.

11. 보이차는 따뜻하게 마신다고 하는데 몇 도가 적당한가요?

답) 차를 마실 때 차의 맛과 향을 잘 나타내는 것이 중요하다. 그러기 위해서는 적당한 온도로 찻잎의 성분을 우려내야 한다. 보이차의 경우 녹차와 다르므로 물을 끓여서 사용해야 뭉쳐있거나 덩어리진 형태의 차가 풀어지면서 우려낼 수 있다. 찻물의 온도는 100℃ 끓는 물로 우리고, 마시는 온도는 개인 차가 있겠으나 따뜻하면 좋다. 차 자체가 찬 성질이라 너무 식혀서 차게 마시면 위에 부담을 준다.

### 12. 보이차도 찬물에 우려도 됩니까?

답) 가능은 하지만 대엽종 찻잎은 일반 찻잎에 비해 훨씬 크고 튼실하며 두터워서 뜨거운 물에 우리거나 끓여서 마시면 좋다.

### 13. 보이차는 언제 마시면 좋은가요?

답) 대체로 차들은 식후에 마시는 것이 좋으나 잘 익고 부드러운 차는 언제 마셔도 좋다.

'다반사'란 말이 있듯이 밥 먹으면서, 일하면서, 책 보면서, 운전하면서, 운동하면서, 언제든지 마실 수 있는 생활차가 제일이다.

### 14. 보이차를 우리서 냉장고에 넣고 마셔도 됩니까?

답) 차는 따뜻하게 마시는 것이 제일 좋고 아니면 실온에 두고 마셔도 좋다. 차게 마시면 위에 부담을 주며, 굳이 냉장고에 두고 마시려면 차를 우려서 두는 것보다 주전자에 끓여서 두고 마시면 훨씬 부담을 덜 수 있다.

## 15. 병차, 전차, 타차는 어떻게 다른가요?

답) 병차, 전차, 타차는 긴압의 형태에 따라 불리는 이름인데, 병차는 원반형이며 전차는 벽돌 모양, 타차는 공 고양으로 되어 있다. 가장 일반적인 것이 357g으로 만든 병차지만, 최근에는 1kg, 3kg 대형으로 만든 것도 있다. 전차는 직사각형 면에 250g이 대중적이다. 정사각형 면의 방차도 있다. 그리고 타차는 바로 보면 둥글게 보이지만 뒤로 보면 한가운데가 오목한 게 특징이다. 기본적으로 몇 가지 규격이 있는데, 보통 100g, 250g 등을 볼 수 있지만, 2010년 이후에는 개당 2~5g의 미니형 소타차도 있다.

## 16. 주차는 무엇인가요?

답) 주차는 태족(傣族)이 집에서 보관을 위해 만든 문화인데, 보이산차를 압제하여 기둥 모양으로 만든 것으로 크기가 다양하다. 주차의 출발점은 흔히 볼 수 있는 죽통차다. 크기나 무게가 작은 것은 죽통차로 본다. 주차는 1kg, 5kg, 10kg, 20kg 등의 주차를 차산지에 있는 차창을 방문해 보면 회사 차원에서 기념으로 만든 것들을 로비에 세워두고 있다. 작은 것은 대나무에 보관하여 대나무 속의 향기와 함께 익어가는 맛을 기대한다.

## 17. 보이차는 어디에 보관합니까?

답) 가정에 다실이 있으면 다실이 좋고, 베란다도 좋다. 베란다는 통풍도 잘 되고 화초에 물을 주니 자연 습도가 풍부해서 차가 잘 익어간다. 햇빛을 가리고 장에 보관하며 이력카드를 작성해(구입 연월일, 산지 특징 등)두면 좋다.

보관하는 차가 많아서 방 하나를 가득 채운다면 방에 보관하고 일정한 시간에 통풍을 시켜주면 된다. 그러나 보관할 차가 대단히 많은 양이 아니라면 걱정할 필요는 없다.

부엌 가까이에 두지 않으면 어디에 두어도 괜찮다. 매일 마시는 차라면 방안의 책장 위나, 책장 부근 찻장 위나 주변에 그냥 두면 된다. 그러나 대량으로 보관하려면 큰 창고에 두는 것이 좋으며, 특별한 관리 체계가 필요하다.

## 18. 보이차는 몇 년이 지나야 발효되었다고 하나요?

답) 숙차는 생산 때부터 발효가 되어 나오지만, 생차는 노차가 되려면 오랜 세월이 지나야 한다. 십 년, 이십 년, 삼십 년 세월이 흐르면서 생차가 점차적으로 자연숙성, 산화 발효를 거치는데, 30~40년은 지나야 노차 소리를 듣는다. 이런 차는 탕 색이 적포도주 색이나 검붉은 색을 띠고, 향도 맑고 고즈넉하며, 생차의 쓰고 떫은 맛이 거의 없다.

## 19. 건창차와 습창차는 어떻게 구분됩니까?

답) 건창 보이차는 생산하여 자연 창고에서 오랜 시간 동안 진화되어 가는 차를 말한다. 건창 진년보이차의 연대는 상대적으로 비교적 길고, 습창 보이차는 대부분 연대가 짧은 편이다.

차 시장에서 유통되는 습창 보이차는 탕색이 짙게 변한 것 외에 찻물의 자미(滋味)가 진하지 않고 강렬한 표부감(漂浮感)이 있으며, 침착감(沈着感)이 결핍된 것이 특징이다.

그리고, 곰팡이 냄새가 나는 습창 보이차는 대다수가 탁한 곰팡이 기미에다 차엽이 마땅히 지녀야 할 광택을 잃어버렸으며, 순정(純正)함이 부족한데다 자연스럽지 못하다. 어떤 청차 차탕은 어둡고 광택이 없다. 차에 따라서 어떤 차는 비록 '홍배'와 몇 년간의 '퇴창(退倉)' 등의 처리를 거쳐서 곰팡이를 내뿜어내는 기미가 적지만, 그러나 목구멍의 '창적(倉迹, 창고냄새 흔적)'은 오히려 떨쳐버리기가 어렵다. 동시에 곰팡이 냄새가 난 '습창'차의 냄새는 건창 보이차와 차이가 나서 건창차를 자주 접하게 되면 자연히 알 수 있게 된다.

## 20. 자아차는 무엇인가요?

답) 자아차는 군체종 중에서 자연변이된 것이다. 차 산지에서 보면 햇볕을 바로 받는 쪽에서 많이 보이는데, 차나무 전체가 아니라 부분적으로 싹이 날 때 자홍색이나 홍색을 띠는데 다 자라면 녹색으로 변한다.

21. 대지차에 대해서 알려주십시오.

답) 대지차란 차밭에서 대량 생산하는 차를 말한다.


22. 자연차는 자아차와 다른가요?

답) 자아차는 원시형으로 대엽종이며 탕색은 금황색을 띤다. 자연차는 맹해차연구소에서 배양한 삼목번식종은 대량으로 재배한 것으로 중·소엽종이며 탕색은 자색을 띤다.


23. 아포차도 보이차인가요?

답) 아포란 차 싹을 말하는데, 보이차 나무에서 싹만 채취해 만드는 보이차이다.


24. 방해각은 차인가요?

답) 차나무에 기생하는 숙주로 게의 발을 닮았다 해서 방해각이라 하며, 가공하여 대용차로도 마신다. 방해각(螃蟹脚)은 차나무에 기생하는 식물이다. 주로 고차수의 수액을 빨아먹고 자라는데, 경매(景迈) 지역에서 생산되는 방해각이 가장 양이 많고 유명하다. 현지인에 의하면 경매 지역 방해각만 진품이고, 기타 지역은 가짜라는 인식이 많다. 하지만 멍송, 빠다 등지에서도 조금씩 생산되고 있다.

### 25. 야방차는 무엇인가요?

답) 야생차로 차나무가 밀림이나 자연의 여러 나무와 잡초 속에서 자라는 것을 말한다.

### 26. 보이차는 티백이 없는가요?

답) 티백이나 가루, 소량 포장 등 다양한 상품이 나온다. 개인적으로 집에서 보이차를 해괴(解塊)하여 판매하는 망에 넣어서 하나하나 사용해도 된다. 즉, 1회용으로 쉽게 사용할 수 있다.

## 27. 보이차를 개완에 우릴 때는 어떻게 합니까?

답) 먼저 개완을 예열한 다음 인원수 대로 적당량의 차를 개완에 넣고 한번 세차 후 숙우에 우려낸다.

## 28. 보이차를 자사호에 우린다면 어떤 자사호가 적당한가요?

답) 차를 여러 번 빨리 우려내야 하니 출수가 용이한 차호를 쓰는 것이 좋은데, 자니나 주니 계통이 차 맛을 잘 낸다. 이런 자사토에는 석영자, 양화 철, 이산화규소 등의 성분이 많으며 통기와 예열감이 좋다.

## 29. 표일배로 보이차를 맛있게 마시는 방법

답) 무엇보다 끓는 물이나 뜨거운 물로 우려내는 것이 중요하다. 물을 붓고 오래 두지 말고 빨리 우려낸다.

## 30. 보이차에 숫자가 있는 것은 무엇인가요?

답) 네 자리의 숫자로 표기하는데, 예를 들어서 7542는 앞의

75는 제품 생산이 시작된 창시년이고, 세 번째 숫자 4는 제품의 종합 등급을 뜻하며, 마지막 2는 차창의 고유 번호이다. 국영 4대 차창의 순서는 1은 곤명차창, 2는 맹해차창, 3은 하관차창, 4는 보이차창이다.

## 31. 맹해차창 정창이라는 말은 무엇인가요?

답) 맹해차창의 특별한 제다법은 각 지역에서 생산된 찻잎을 잘 병배하여 독특한 향과 맛을 낼 수 있는 기술을 통해 고유의 브랜드 가치를 지니는데, 이를 통해 변방의 차창과 차별성을 두는 것이다. 즉 맹해차창의 정품을 뜻한다.

## 32. 인급차는 무엇인가요?

답) 대략 1946년부터 1960년 중기에 만들어진 병차인데, 포장지의 도장 색깔에 따라 홍인, 녹인, 황인이라고 부른다.

## 33. 호급차는 무엇인가요?

답) 일반적으로 호급 보이차는 1950년대 이전에 생산된 차로

규정하고 있지만, 근대 보이차에서 언급하는 호급 보이차는 1900~1960년대까지 생산된 보이차를 말한다. 1950년대 이 전에는 국영 차창이 없었기 때문에 모든 차를 개인 차창에서 만들었다. 그래서 차창의 이름을 따서 명명하고 이름 뒤에 호 (號) 자를 붙였다.

1910년 이전 생산된 복원창호 금과공차, 1930년 이전 동경 노호영춘호 동태창 정흥원차, 동순상 홍창원차, 차순원차, 홍 지원차, 말대긴차, 1940년이전 동경원차, 동창원차, 동흥원 차, 강성원차, 송빙원차, 보경원차, 양빙원차, 가이홍전 등이 있다. 지금은 그런 집들이 많이 없어지고, 이무지역엔 몇몇 곳이 아직도 남아있다.

## 34. 보이차 포장지에 보이는 곡화차는 무엇인가요?

답) 리푸이(李拂一)는 1901년 운남성 보이현에서 태어나 젊은 시절 서쌍판납에서 살았으며 그곳의 차 전문가로 활동하다 가 지난 2010년 9월에 109세를 일기로 세상을 떠난 인물이 다. 오래도 살았지만 차 연구에 온축을 쌓은 신뢰할 만한 인물 이라 하겠다. 그의 저술인《불해다업개황(佛海茶業槪況)》가운데

〈생산시기〉 부분을 보면 모든 것이 분명하고 소상하다. 9월 초에 다시 한 차례 솜털이 있는 어린싹이 나는데, '곡화차'라 하며 대개 그 시기는 벼꽃이 피는 계절이다. 현지 사람들은 벼(稻)를 곡자(穀子)라 하는데 그 때문에 이때 나는 차를 '곡화차' 혹은 '곡화첨(穀花尖)'이라 한다. 이 차는 품질 면에서 '춘차' 다음으로 치며 잎의 색깔은 춘차보다 광택이 나고 검게 잘 변하지 않아 보통 '원차'의 겉면에 사용한다. 곡화차 다음에 조차를 만드는데 그 생산량은 그리 많지 않다.

## 35. 시중에서 입창한 보이차는 어떻게 확인할 수 있나요?

답) 우선 병면이 건창의 생차에 비해 밝고 선명한 광택이 없으며 어둡고 탁하다. 탕색도 마찬가지이며 향은 시큼하고 (약간의 곰팡이 냄새), 맛 또한 활, 윤, 쾌, 감 등이 유쾌하지 못하다.

## 36. 보이차 병면에 흰곰팡이같이 보이는 것은 마실 수 있는 차인가요?

답) 주로 보관 시 생겨나는 경우가 많은 데 몇 번을 세차 후 마셔도 되지만 정상 제품을 벗어난 것이며, 과도한 습기를 먹었을 경우 푸른곰팡이, 검은곰팡이가 생겨나 변질을 가져온다. 이런 제품은 삼가는 것이 좋다.


## 37. 300년 이상 된 고수차는 어떤 점이 좋은가요?

답) 고수차의 특징은 줄기와 잎이 튼실하고 백호가 많다. 탕색은 밝고 투명하며 선명한 광택을 띤다. 감칠맛과 단맛이 빼어나며 풍부한 맛을 지닌다. 내포성과 포수력이 뛰어나다.


## 38. 고수차의 생산량을 늘리기 위해 비료를 주고 키우는 차가 있다고 하는데 완성품에서 구분이 되는가요?

답) 비료나 영양제를 많이 준 차는 맛이 미끄럽고 얇으며 풍부함과 무게감이 작다. 내포성과 지구력도 떨어진다. 맛이 빨리 떨어지고 싱겁다.

답) 1) 향죽청 3,200년 차왕수

2) 대후채 3,000년 차왕수

3) 천가채 2,700년 차왕수

4) 방의 1,750년 차왕수

5) 파달산 1,500년 차왕수

## 40. 노반장과 신반장의 차이는 어떻게 됩니까?

답) 노반장과 신반장의 차량 이동거리는 대략 15km(직선거리 약 8km)이고, 고도가 비슷하며 차나무의 수령 또한 비슷하다. 맛에서는 노반장 차는 독특한 감미로운 향과 입안에서 쓴맛이 올라오면서 단맛으로 바뀌는 과정이 일품이다. 마시고 난 후 맛과 향의 회감이 오래도록 여운을 남긴다. 신반장은 이런 맛이 약간 미치지 못한다.

## 41. 고 육대차산과 신 육대차산은 어떻게 다릅니까?

답) 둘 다 차의 산지인 육대차산(六大茶山)을 일컫는 말로서 중국 운남(云南) 서쌍판납 태족 자치주(西双版納傣族自治州, 시쌍반나 다이주 자치주)에 위치한다. 고육대차산(古六大茶山)은 란창강 안쪽의 이무 (易武, 이우) 지역에 분포하는 '이무(而武), 만전(蛮砖), 혁등(革登). 의 방(倚邦), 망지(莽枝), 유락(攸乐)' 등의 여섯 군데 차산으로서 보이차 의 고향 격인 산지이다. 차마고도의 시작지로도 알려져 있다. 그 반면에 새롭게 떠오른 신육대차산(新六大茶山)의 맹해(勐海, 멍하이) 지역에는 '포랑(布朗), 남나(南羅), 맹송(孟宋, 멍송), 파달(巴莈), 경매 (景迈), 남교(南峤)' 등의 육대차산이 분포하고 있다.

## 42. 숙차는 언제부터 생산되었나요?

답) 청병이 소비자의 입맛을 돋웠다면, 1973년 이후 보이차의 맛이 절정에 달하는 시기를 앞당기기 위해 인공발효 기법을 이용한 숙차가 개발되었다. 1973년 숙차 개발(곤명차창 이금희, 오기영, 맹해차창 추병량과 공동으로 미생물 열발효로 홍콩에 수출). 2000 년대 중반까지는 생차와 숙차의 생사비율이 6:4였다면, 최근 에는 5:5의 비율로 숙차의 생산량이 많아진 편이다.

## 43. 숙차도 계속 발효가 진행되는가요?

답) 제다 시 완전 악퇴발효시켜서 만든 차라서 더 이상 진행은 안 된다고 봐야 한다.

## 44. 숙차에서 가장 유명한 차는 무엇인가요?

답) 숙차는 특별히 유명하다는 의미를 부여하지 않는다.

## 45. 보이차를 병배하는 방법이 몇 가지 있다고 하는데 알려주십시오.

답) 과거에는 지역별 차 맛의 차이로 지역별 병배를 했는데, 요즘은 재배차와 고수차 병배를 많이 하고, 고수차 가격이 비싸다 보니 같은 나무에서 봄 여름 가을 차를 따서 병배를 하는 것도 있다. 연수가 다른 차끼리 하는 병배도 있지만 많지는 않다. 중요한 것은 값비싼 고수차는 병배를 안하는 단일 차청이 좋다.

## 46. 고수차로 만든 차는 5년 이상 세월이 지나면 맛과 향이 날아간다는 말이 있는데, 어떻게 볼 수 있는가요?

답) 전혀 근거 없는 말이다. 물론 찻잎을 갓 따서 제다를 했을 시에는 향과 맛이 살아 있다가 시간이 흐르면서 점차 떨어지지만, 보이차는 재배차든 고수차든 세월이 가면서 자연 숙성되며 익어간다. 향과 맛도 다양한 형태로 변해간다. 그래서 천 가지 향과 만 가지 맛을 지닌 차라고 한다.

## 47. 고수차로도 숙차를 만듭니까?

답) 요즘은 조금씩 만드는 경우도 있으며, 재배 숙차보다는 훨씬 비싸다.

## 48. 생차와 숙차를 같이 보관해도 됩니까?

답) 보이차를 보관하는 양이 많지 않으면 보관에 신경을 많이 쓰지 않아도 된다. 부엌 음식 냄새만 배지 않게 주의하면 된다. 차를 다루는 전문 업체라면 당연히 물량에 따라서 생차와 숙차를 구분하여 창고에 보관하겠지만, 일반인들이 소장하고 있는 1건이나 2건 정도의 물량은 그대로 박스에 넣어두면 된다.

## 49. 자사호로 보이차를 우릴 때, 주의할 점은?

답) 차도 정성껏 다루어야 하지만 자사호는 충격에 약하니 소중히 다루어야 하며, 차를 입구가 작은 차호에 넣을 때는 파손되지 않도록 주의를 해야 한다. 자사호는 항상 청결하게 관리하며 사용하고, 차를 마신 이후 정리할 때는 속을 비워두고 깨끗이 해야 한다.

## 50. 보이차를 끓여 마셔도 됩니까? 마신다면 어떤 차를 끓여 마실 수 있나요?

답) 끓여 마시는 것이 차의 성분을 많이 추출해서 몸에 흡수율도 높이며 또한 위에 부담도 덜 준다. 차는 예로부터 자차, 전차, 팽차라고 하였다. 이 말은 차를 달여서, 삶아서, 끓여서 먹는다는 뜻이다. 보이차는 생차든 숙차든 노차든 모두 끓여 마시면 좋다.

답) 보이차를 음미할 때는 생차와 숙차를 구분하지 않고, 90℃ 전후의 뜨거운 물을 사용하면, 차의 향기와 탕색, 맛의 조화가 차를 음미하는 최상의 상태를 나타낸다. 보이숙차를 우릴 때는 온도가 너무 낮으면 향기가 낮고 무거우며, 차의 탕색이 비교적 얇고, 맛은 거칠다.

자사호(紫砂壺)

# 자사호(紫沙壺)

　　자사, 자사호는 중국 강소성 의홍에서 생산되는 도기토로서 천연
광물인 점토이다. 예로부터 오색토나 오복토도 불렸으며, 청록색,
적홍색, 황색, 흑색, 백갈색 등으로 나뉜다. 자사토의 기본색을 12
가지 정도로 분류하지만 자세한 흙의 색상은 200여 가지나 된다.
함유율이 2% 전후이며 철분의 함유량이 많을수록 짙은 색을 띈다.
그리고 양화철, 석영, 운모, 고령토 등의 혼합으로 소성되는 과정에
서 색상에 직접적인 영향을 미친다. 자사는 유약을 바르지 않고 소
성시키며 온도는 1,100~1,270℃이다. 자사는 소성 후 미세한 기공
이 있어 자체로 통기가 되며 공기 호흡률은 도기와 자기의 중간이
고 수분 흡수율은 2%이하이다.

자사기(紫沙器)의 출현은 당나라 이전부터 큰 도관에 물을 끓인 뒤 다마로 미세하게 잘 갈은 차 가루를 도관에 넣어 마시던 자차법(煮茶法)시대로 봐야 하며, 송나라 때 세상에 알려져서 명나라 말 이후에야 비로소 여러 다인 및 문인들의 특별한 사랑을 받았다.

명나라 말, 오이산이 과거 공부를 하기 위해 금산사에 갔을 때 같이 갔던 그의 몸종인 공춘이 노스님으로부터 수영호를 만드는 것부터 전수를 받았다. 이후 그의 제자들이 다양한 자사호를 만들기 시작하여 시대빈, 혜맹신, 이무림, 이중방 등으로 이어졌다.

### 좋은 자사토

채광을 해서 장기간 풍화를 시키면서 양토(養土)를 만든다. 양토의 과정을 진화(陳化), 진부(陳腐), 저니(儲泥)라고도 한다. 이러한 과정을 거치면서 채광한 광석(썩은돌)이 점질력이 뛰어나고 부드러운 입자로 되는 것이다. 채에 쳐서 고운 흙으로 만들어 물에 반죽한 후 진흙덩어리를 만들어 비닐을 감아서 보습이 잘되는 동굴이나 실내 창고에 두고 오래 숙성시킨다. 이렇게 하면 성형, 가공할 때 균열이 생기지 않고 가소성이 높으며 표면이 부드럽게 된다.

채광→풍화→맷돌로 간다→채로 친다→반죽 후 저장→성형 →가마에 소성(굽는다)

채광한 광석

자사의 색상별 종류

1. 주홍니(朱紅泥) 2. 홍니(紅泥) 3. 자가니(紫茄泥) 4. 청수니(淸水泥)

5. 병제니(摒制泥) 6. 흑료니(黑料泥) 7. 녹니(綠泥) 8. 천청니(天靑泥)

9. 단청니(段靑泥) 10. 두사니(豆沙泥) 11. 신단니(新段泥) 12. 노단니

(老段泥)

여러가지 형색의 자사호

# 자사호의 장식(裝飾)

자사호에 글씨나 그림을 장식하는 여러 가지 기법.


## 도각장식(陶刻裝飾)

도각은 호배체(壺坯體) 위에 강도(鋼刀)나 죽도(竹刀)로 서화(書畵) 도안을 새겨 넣는 방법이다. 명대 때 시대빈(時大彬)이나 청대 때 진만생(陳曼生), 구자야(瞿子冶) 등 서화전각 명인들은 모두 호배체의 도각장식에 참여해서 조형, 시구, 서법, 회화, 금석 등을 한 몸체로 융합해서 장식하는 풍격을 형성했다.


## 채유장식(彩釉裝飾)

색상별로 다양한 무늬를 표현한 방법이다.

도각장식(陶刻裝飾)

도각장식 백동자 풍경

## 자사호의 특색

1. 자사호에 기공이 있어 자체로 숨을 쉬고 있으므로 보존력이
   뛰어나다.
2. 맛과 향을 오랫동안 유지해 준다.
3. 열 전도가 느리고 보온성이 뛰어나다.
4. 감상의 가치를 높여준다.

# 자사호 선택 방법

1. 사용할 수 있는 적당한 크기와 무게, 어떤 종류의 차를 우려 마실 건지에 따라 기능성과 실용성이 뛰어난 차호를 선택한다.
2. 물의 출수와 절수가 시원스럽게 잘 되는지를 선택한다.
3. 차호가 정밀하게 제작 되었는지, 조형미와 작품성은 뛰어난가를 고려한다.
4. 자사호의 색상별로(6대차류 별 색상이나 다실 분위기 등) 선택한다.
5. 사용하기에 편리한 차호를 선택한다.


- 차호의 균형성
1) 무게 중심이 있고 안정감이 있을 것
2) 몸체에 비해 뚜껑이 너무 크거나 작지 않을 것
3) 몸체에 비해 손잡이가 너무 커거나 작지 않을 것
4) 출수 부분이 몸체에 비해 너무 높거나 낮지 않을 것
5) 연결 부분이 자연스럽고 결함이 없을 것

6) 손잡이와 출수 부분이 일직선 상에 있을 것

7) 뚜껑을 열고 닫으면서 소리를 들어 본다(깨지거나 균열이 간 차호는 소리기 파열음이나 둔탁하게 나므로 맑고 밝은 소리를 선택한다. 철분이나 소성온도가 높을수록 쇳소리의 고성이 난다).

8) 뚜껑의 정교함을 잘 살핀다(특히 각이 진 것은 어느 방향에서도 맞물림이 정확하다).

9) 차호 안쪽을 잘 살펴 본다.

10) 차 찌꺼기를 빼내기 쉽고 씻어내기에 편리해야 한다.

## 자사호 양호 만들기

　예로부터 중국 사람들은 자사호를 구입하면 양호(養壺)라는 과정을 거친다. 이 과정은 오랫동안 쓰고 문지를수록 옥처럼 자사호의 몸체에서 은은히 윤이 나서 마치 영성(靈性)이 살아 있는 듯하며, 이로써 자사호의 가치가 인정되는 것이다.

　이것은 긴 시간을 두고 자사호에 뜨거운 물을 사용하는 과정에서 자사 재질의 석영자(石英子)성분이 변화를 일으키고, 또한 손으로 만지고 문지르고 하여 사람의 기(氣)와 자사의 영성이 결합되어 은은한 광채를 띠게 되었기 때문이다.

　그래서 중국 옛 사람들은 좋은 자사호를 구입한 후 거액을 들여 양호의 대가(大家)들에게 몇 년 동안 맡겨 다호의 가치를 높이는 경우도 있었다고 한다.

　그럼 새로이 구입한 자사호를 어떤 양호의 과정을 거쳐 사용해야 하는지 알아보자.

먼저 깨끗한 솥에 다호를 넣고 다호의 높이를 넘칠 정도의 물을 담고 끓인다. 물이 끓으면 한줌의 찻잎을 넣고 약 30분 정도 함께 삶은 후 건조한다. 이는 새로 구입한 자사호 이면에 쌓인 자사 가루를 열탕네 가열하여 미세한 구멍을 통해 배출하기 위함이다. 이런 과정을 거쳐 양호된 자사호는 자사의 흙냄새 또는 잡냄새를 제거함과 동시에 감미로운 차향이 스며들게 된다. 좀 더 신경을 쓰면 구입한 다호로 어떤 종류의 차를 주로 우릴 것인지 염두에 두고 해당 찻잎을 넣으면 더욱 좋다.

차를 우려 마실 때에는 필히 먼저 뜨거운 물을 이용하여 다호를 가열해 준다. 청차다예(靑茶茶藝)에서는 이를 가리켜 통상적으로 온호(溫壺) 또는 열관(熱灌)이라고 한다.


찻잎을 우린 후 탕수기의 열수를 이용하여 다호의 뚜껑을 향해 여러 차례 붓는데 이것을 가리켜 임정(淋頂)이라고 한다. 이런 수차례 열수를 이용하여 다호를 예열하는 것은 자사 자체가 뜨거운 물과 만남으로써 양호도 되고, 차의 향기를 온고히 담아낼 수 있기 때문이다.

다 우린 찻잎을 다호에서 깨끗이 비운 후, 열수를 이용해 청결하게 씻은 후 다호의 뚜껑을 열어 놓고 그늘진 곳에 건조한다.

평상시에는 자사 양호용으로 부드러운 천을 이용해 수시로 닦아
주면 된다.

도림원 20주년 3kg 포장

# 도림원 보이차

노반장 14년

원시림 야생아포(16년)

대설산 12년

빙도 07년

야생 아포

황금보이

황금보이

## 이근주의 보이차 이야기

**초판 1쇄 인쇄** 2021년 11월 1일
**초판 1쇄 발행** 2021년 11월 8일

**지은이** 이근주
**사　진** 박홍관

**발행인** 박홍관
**발행처** 티웰

**디자인** 표지 · 본문 dalakbang(miro1970@hotmail.com)
**교정** 유애리

**등록** 2006년 11월 24일(제22 − 3016호)
**주소** 서울시 종로구 삼일대로 461 SK허브 101동 307호
**전화** 02 − 720 − 2477　　**팩스** 0505 − 115 − 8624
**메일** teawell@gmail.com
**ISBN** 978 − 89 − 97053 − 51 − 3  03590